JN116852

はじめに

多くの書籍の中から、「よくわかる Excel 2021ドリル Office 2021／Microsoft 365対応」を手に取っていただき、ありがとうございます。

本書は、Excelの問題を繰り返し解くことによって実務に活かせる操作スキルを習得することを目的とした練習用のドリルです。FOM出版から提供されている次の2冊の教材と併用してお使いいただくことで、学習効果をより高めることができます。

❶「よくわかる Microsoft Excel 2021基礎 Office 2021／Microsoft 365対応（FPT2204）」
❷「よくわかる Microsoft Excel 2021応用 Office 2021／Microsoft 365対応（FPT2205）」

本書は、基礎 → 応用 → まとめ の構成になっています。
基礎 は教材❶に、応用 は教材❷にそれぞれ対応しており、章単位で理解度を確認していただくのに適しています。まとめ は、Excelの操作を総合的に問う問題になっており、学習の総仕上げとしてお使いいただけます。

また、各問題には、教材❶❷のどこを学習すれば解答を導き出せるかがひと目でわかるように、ページ番号を記載しています。自力で解答できない問題は、振り返って弱点を補強しながら学習を進められます。

本書を学習することで、Excelの知識を深め、実務に活かしていただければ幸いです。

> **本書を購入される前に必ずご一読ください**
> 本書に記載されている操作方法は、2023年2月現在の次の環境で動作確認をしております。
> ・Windows 11（バージョン22H2　ビルド22621.816）
> ・Excel 2021（バージョン2211　ビルド16.0.15831.20098）
> ・Microsoft 365のExcel（バージョン2301　ビルド16.0.16026.20002）
> 本書発行後のWindowsやOfficeのアップデートによって機能が更新された場合には、本書の記載のとおりに操作できなくなる可能性があります。あらかじめご了承のうえ、ご購入・ご利用ください。

2023年4月5日
FOM出版

目次

標準解答は、FOM出版のホームページで提供しています。表紙裏の「標準解答のご提供について」を参照してください。

本書をご利用いただく前に

本書で学習を進める前に、ご一読ください。

1 本書の記述について

操作の説明のために使用している記号には、次のような意味があります。

記述	意味	例
[　　]	キーボード上のキーを示します。	[Ctrl]　[Enter]
[　　]+[　　]	複数のキーを押す操作を示します。	[Ctrl]+[Home] （[Ctrl]を押しながら[Home]を押す）
《　　》	ダイアログボックス名やタブ名、項目名など画面の表示を示します。	《OK》をクリック 《ファイル》タブを選択
「　　」	重要な語句や機能名、画面の表示、入力する文字などを示します。	「学習ファイル」を選択 「4月」と入力

OPEN

[E] LessonXX　　学習の前に開くファイル

基礎 P.XX　　「よくわかる Micosoft Excel 2021基礎（FPT2204）」の参照ページ

応用 P.XX　　「よくわかる Micosoft Excel 2021応用（FPT2205）」の参照ページ

※　補足的な内容や注意すべき内容

(HINT)　問題を解くためのヒント

POINT　知っておくと役立つ知識やスキルアップのポイント

2 製品名の記載について

本書では、次の名称を使用しています。

正式名称	本書で使用している名称
Windows 11	Windows 11 または Windows
Microsoft Excel 2021	Excel 2021 または Excel

3 | 本書の見方について

本書は、「よくわかる Microsoft Excel 2021基礎（FPT2204）」と「よくわかる Microsoft Excel 2021応用（FPT2205）」の章構成にあわせて対応するLessonを用意しています。
問題ごとに教材の参照ページを記載しているので、教材を参照しながら学習できます。

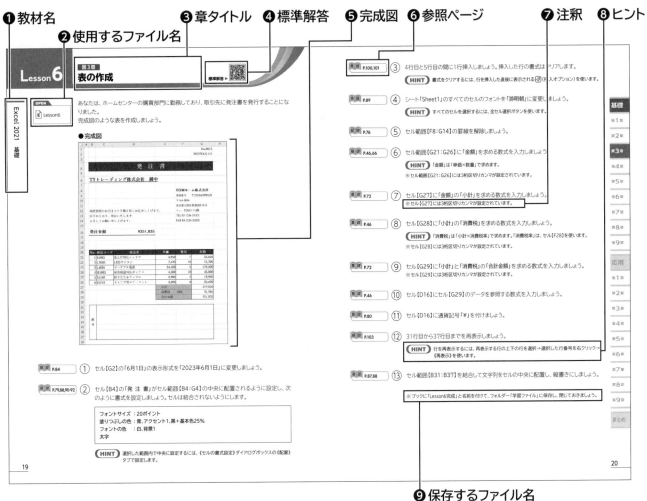

❶ 教材名　❷ 使用するファイル名　❸ 章タイトル　❹ 標準解答　❺ 完成図　❻ 参照ページ　❼ 注釈　❽ ヒント　❾ 保存するファイル名

❶ 教材名
対応する教材名を記載しています。

❷ 使用するファイル名
Lessonで使用するファイル名を記載しています。

❸ 章タイトル
対応する章のタイトルを記載しています。

❹ 標準解答
標準解答を表示するQRコードを記載しています。
標準解答は、FOM出版のホームページで提供しています。
※インターネットに接続できる環境が必要です。

❺ 完成図
Lessonで作成するブックの完成図です。

❻ 参照ページ
教材の参照ページを記載しています。

❼ 注釈
補足的な内容や、注意すべき内容を記載しています。

❽ ヒント
問題を解くためのヒントを記載しています。

❾ 保存するファイル名
作成したブックを保存する際に付けるファイル名を記載しています。
また、Lesson内で使用したファイルについて記載しています。

4 学習環境について

本書を学習するには、次のソフトが必要です。
また、インターネットに接続できる環境で学習することを前提にしています。

Excel 2021 または　Microsoft 365のExcel

◆ 本書の開発環境

本書を開発した環境は、次のとおりです。

OS	Windows 11 Pro（バージョン22H2　ビルド22621.816）
アプリ	Microsoft Office Professional 2021 Excel 2021（バージョン2210　ビルド16.0.15831.20098）
ディスプレイの解像度	1280×768ピクセル
その他	・WindowsにMicrosoftアカウントでサインインし、インターネットに接続した状態 ・OneDriveと同期していない状態

※本書は、2023年2月時点のExcel 2021またはMicrosoft 365のExcelに基づいて解説しています。
　今後のアップデートによって機能が更新された場合には、本書の記載のとおりに操作できなくなる可能性が
　あります。

POINT **OneDriveの設定**

WindowsにMicrosoftアカウントでサインインすると、同期が開始され、パソコンに保存したファイルがOneDrive
に自動的に保存されます。初期の設定では、デスクトップ、ドキュメント、ピクチャの3つのフォルダーがOneDrive
と同期するように設定されています。
本書はOneDriveと同期していない状態で操作しています。
OneDriveと同期している場合は、一時的に同期を停止すると、本書の記載と同じ手順で学習できます。
OneDriveとの同期を一時停止および再開する方法は、次のとおりです。

一時停止

◆ 通知領域の　(OneDrive) → 　(ヘルプと設定) →《同期の一時停止》→停止する時間を選択
※時間が経過すると自動的に同期が開始されます。

再開

◆ 通知領域の　(OneDrive) → 　(ヘルプと設定) →《同期の再開》

---

5 学習時の注意事項について

お使いの環境によっては、次のような内容について本書の記載と異なる場合があります。
ご確認のうえ、学習を進めてください。

◆ ボタンの形状

本書に掲載しているボタンは、ディスプレイの解像度を「**1280×768ピクセル**」、ウィンドウ
を最大化した環境を基準にしています。
ディスプレイの解像度やウィンドウのサイズなど、お使いの環境によっては、ボタンの形状や
サイズ、位置が異なる場合があります。
ボタンの操作は、ポップヒントに表示されるボタン名を参考に操作してください。

例

ボタン名	ディスプレイの解像度が低い場合／ウィンドウのサイズが小さい場合	ディスプレイの解像度が高い場合／ウィンドウのサイズが大きい場合
切り取り	✂	✂ 切り取り
セルを結合して中央揃え	⊞ ▾	⊞ セルを結合して中央揃え ▾

基礎

第1章

第2章

第3章

第4章

第5章

第6章

第7章

第8章

第9章

POINT 🖊 **ディスプレイの解像度の設定**

ディスプレイの解像度を本書と同様に設定する方法は、次のとおりです。
◆ デスクトップの空き領域を右クリック→《ディスプレイ設定》→《ディスプレイの解像度》の ▾ →《1280×768》
※メッセージが表示される場合は、《変更の維持》をクリックします。

◆Officeの種類に伴う注意事項

Microsoftが提供するOfficeには「ボリュームライセンス（LTSC）版」「プレインストール版」
「POSAカード版」「ダウンロード版」「Microsoft 365」などがあり、画面やコマンドが異なる
ことがあります。

本書はダウンロード版をもとに開発しています。ほかの種類のOfficeで操作する場合は、
ポップヒントに表示されるボタン名を参考に操作してください。

●Office 2021のLTSC版で《ホーム》タブを選択した状態（2023年2月時点）

◆アップデートに伴う注意事項

WindowsやOfficeは、アップデートによって不具合が修正され、機能が向上する仕様となっ
ています。そのため、アップデート後に、コマンドやスタイル、色などの名称が変更される場
合があります。

本書に記載されているコマンドやスタイルなどの名称が表示されない場合は、任意の項目を
選択してください。

※本書の最新情報については、P.7に記載されているFOM出版のホームページにアクセスして確認してください。

応用

第1章

第2章

第3章

第4章

第5章

第6章

第7章

第8章

第9章

まとめ

POINT 🖊 **お使いの環境のバージョン・ビルド番号を確認する**

WindowsやOfficeはアップデートにより、バージョンやビルド番号が変わります。
お使いの環境のバージョン・ビルド番号を確認する方法は、次のとおりです。

Windows 11

◆ ⊞ (スタート) →《設定》→《システム》→《バージョン情報》

Office 2021

◆《ファイル》タブ→《アカウント》→《 (アプリ名) のバージョン情報》
※お使いの環境によっては、《アカウント》が表示されていない場合があります。その場合は、《その他》→《アカウント》をクリックします。

6 学習ファイルについて

本書で使用する学習ファイルは、FOM出版のホームページで提供しています。ダウンロードしてご利用ください。

ホームページアドレス

> https://www.fom.fujitsu.com/goods/

※アドレスを入力するとき、間違いがないか確認してください。

ホームページ検索用キーワード

> FOM出版

◆ダウンロード

学習ファイルをダウンロードする方法は、次のとおりです。

① ブラウザーを起動し、FOM出版のホームページを表示します。
※アドレスを直接入力するか、キーワードでホームページを検索します。

② 《ダウンロード》をクリックします。

③ 《アプリケーション》の《Excel》をクリックします。

④ 《Excel 2021ドリル Office 2021／Microsoft 365対応　FPT2221》をクリックします。

⑤ 《書籍学習用データ》の「fpt2221.zip」をクリックします。

⑥ ダウンロードが完了したら、ブラウザーを終了します。
※ダウンロードしたファイルは、パソコン内のフォルダー「ダウンロード」に保存されます。

◆ダウンロードしたファイルの解凍

ダウンロードしたファイルは圧縮されているので、解凍（展開）します。
ダウンロードしたファイル「fpt2221.zip」を《ドキュメント》に解凍する方法は、次のとおりです。

① デスクトップ画面を表示します。

② タスクバーの [■] (エクスプローラー) をクリックします。

③ 左側の一覧から《ダウンロード》をクリックします。

④ ファイル「fpt2221」を右クリックします。

⑤ 《すべて展開》をクリックします。

⑥ 《参照》をクリックします。

⑦ 左側の一覧から《ドキュメント》をクリックします。

⑧ 《フォルダーの選択》をクリックします。

⑨ 《ファイルを下のフォルダーに展開する》が「C:¥Users¥ (ユーザー名) ¥Documents」に変更されます。

⑩ 《完了時に展開されたファイルを表示する》を [✔] にします。

⑪ 《展開》をクリックします。

⑫ ファイルが解凍され、《ドキュメント》が開かれます。

⑬ フォルダー「Excel2021ドリル」が表示されていることを確認します。
※すべてのウィンドウを閉じておきましょう。

◆学習ファイルの一覧

フォルダー「**Excel2021ドリル**」には、学習ファイルが入っています。タスクバーの■（エクスプローラー）→《**ドキュメント**》をクリックし、一覧からフォルダーを開いて確認してください。

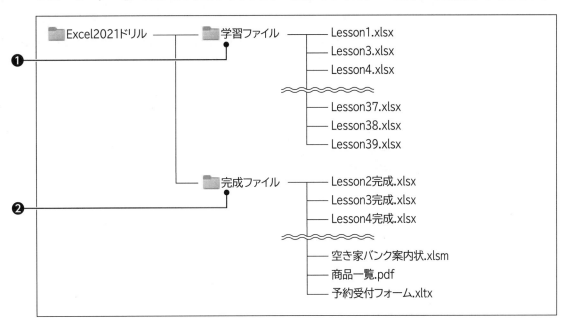

基礎
第1章
第2章
第3章
第4章
第5章
第6章
第7章
第8章
第9章

応用
第1章
第2章
第3章
第4章
第5章
第6章
第7章
第8章
第9章

まとめ

❶フォルダー「学習ファイル」

Lessonで使用するファイルが収録されています。Lessonの指示にあわせて使います。

❷フォルダー「完成ファイル」

Lessonで完成したファイルが収録されています。自分で作成したファイルが問題の指示どおりに仕上がっているか確認するのに使います。

◆学習ファイルの場所

本書では、学習ファイルの場所を《**ドキュメント**》内のフォルダー「**Excel2021ドリル**」としています。《**ドキュメント**》以外の場所に解凍した場合は、フォルダーを読み替えてください。

◆学習ファイル利用時の注意事項

編集を有効にする

ダウンロードした学習ファイルを開く際、そのファイルが安全かどうかを確認するメッセージが表示される場合があります。学習ファイルは安全なので、《**編集を有効にする**》をクリックして、編集可能な状態にしてください。

自動保存をオフにする

学習ファイルをOneDriveと同期されているフォルダーに保存すると、初期の設定では自動保存がオンになり、一定の時間ごとにファイルが自動的に上書き保存されます。自動保存によって、元のファイルを上書きしたくない場合は、自動保存をオフにしてください。

7 | Microsoft 365での操作方法

本書はOffice 2021の操作方法をもとに記載していますが、Microsoft 365のExcelでもお使いいただけます。
アップデートによって機能が更新された場合は、ご購入者特典として、FOM出版のホームページで操作方法をご案内いたします。

◆特典のご利用方法

 スマートフォン・タブレットで表示する

❶スマートフォン・タブレットで下のQRコードを読み取ります。

❷《ご購入者特典を見る》を選択します。
❸本書に関する質問に回答します。
❹《Microsoft 365での操作方法を見る》を選択します。

 パソコンで表示する

❶ブラウザーを起動し、次のホームページを表示します。

https://www.fom.fujitsu.com/goods/

※アドレスを入力するとき、間違いがないか確認してください。

❷《ダウンロード》を選択します。
❸《アプリケーション》の《Excel》を選択します。
❹《Excel 2021ドリル Office 2021／Microsoft 365対応　FPT2221》を選択します。
❺《ご購入者特典を見る》を選択します。
❻本書に関する質問に回答します。
❼《Microsoft 365での操作方法を見る》を選択します。

8 | 本書の最新情報について

本書に関する最新のQ＆A情報や訂正情報、重要なお知らせなどについては、FOM出版のホームページでご確認ください。

ホームページアドレス

https://www.fom.fujitsu.com/goods/

※アドレスを入力するとき、間違いがないか確認してください。

ホームページ検索用キーワード

FOM出版

Basic | Microsoft® Excel® 2021

基礎

あなたは、新しくオープンしたショッピングモールの顧客満足度を調査したアンケートの集計結果を報告することになりました。
次のようにブックを操作しましょう。

※標準解答は、FOM出版のホームページで提供しています。裏表紙の「標準解答のご提供について」を参照してください。

▶表示モードを改ページプレビューに切り替え

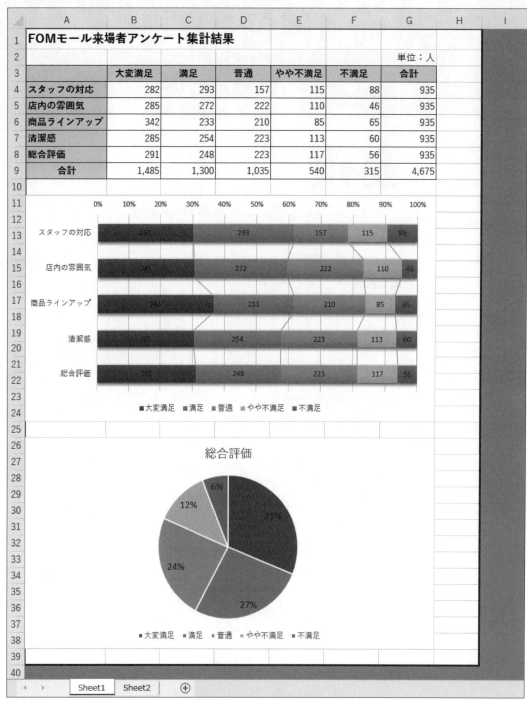

基礎 P.15	①	Excelを起動しましょう。

| 基礎 P.17 | ② | ブック「Lesson1」を開きましょう。 |

※ブック「Lesson1」は《ドキュメント》のフォルダー「Excel2021ドリル」のフォルダー「学習ファイル」に保存されています。

| 基礎 P.27 | ③ | 画面の表示倍率を120%に拡大しましょう。 |

| 基礎 P.22 | ④ | セル【G9】をアクティブセルにしましょう。 |

| 基礎 P.23 | ⑤ | 画面を下にスクロールして、シートの内容をすべて確認しましょう。
次に、セル【A1】をアクティブセルにしましょう。 |

(HINT) 　Ctrl + Home を押すと、アクティブセルをセル【A1】に効率よく移動できます。

| 基礎 P.28 | ⑥ | 新しいシートを挿入しましょう。 |

| 基礎 P.29 | ⑦ | シート「Sheet1」に切り替えましょう。 |

| 基礎 P.26 | ⑧ | シート「Sheet1」の表示モードを改ページプレビューに切り替えましょう。 |

| 基礎 P.26 | ⑨ | シート「Sheet1」の表示モードをページレイアウトに切り替えましょう。
次に、表示モードを標準に切り替えましょう。 |

| 基礎 P.28 | ⑩ | シート「Sheet2」を削除しましょう。 |

| 基礎 P.30 | ⑪ | ブック「Lesson1」を保存せずに閉じましょう。 |

| 基礎 P.32 | ⑫ | Excelを終了しましょう。 |

基礎
第1章
第2章
第3章
第4章
第5章
第6章
第7章
第8章
第9章

応用
第1章
第2章
第3章
第4章
第5章
第6章
第7章
第8章
第9章

まとめ

OPEN

📄 スタート画面を表示

あなたは、弁当販売のスタッフで、デリバリー件数を月ごとに集計することになりました。完成図のような表を作成しましょう。

●完成図

	A	B	C	D	E	F	G	H
1						10月4日		
2		2023年上期デリバリー弁当販売数						
3								
4			雅	華	錦	合計		
5		4月	27	52	31	110		
6		5月	30	80	35	145		
7		6月	48	81	58	187		
8		7月	52	92	72	216		
9		8月	59	87	60	206		
10		9月	30	75	47	152		
11		合計	246	467	303	1016		
12								
13								
14								

基礎 P.35　① 新しいブックを作成しましょう。

基礎 P.37,40,41　② 次のように、データを入力しましょう。

セル【B1】：上期デリバリー弁当販売数	セル【D4】：華
セル【B5】：4月	セル【E4】：錦
セル【C4】：雅	セル【F4】：売上数
	セル【F1】：10月4日

HINT 10月4日は「10/4」と入力します。

基礎 P.49　③ セル【B1】のタイトルをセル【B2】に移動しましょう。

基礎 P.43　④ セル【B2】を編集状態にして、「上期デリバリー弁当販売数」を「2023年上期デリバリー弁当販売数」に修正しましょう。

基礎 P.42 ⑤ セル【F4】の「売上数」を「合計」に上書きして修正しましょう。

基礎 P.63 ⑥ オートフィルを使って、セル範囲【B6：B10】に「5月」「6月」「7月」「8月」「9月」と入力しましょう。

基礎 P.51 ⑦ セル【F4】の「合計」をセル【B11】にコピーしましょう。

基礎 P.40 ⑧ 次のように、データを入力しましょう。

セル【C5】 ：27	セル【D5】 ：52	セル【E5】 ：31
セル【C6】 ：30	セル【D6】 ：80	セル【E6】 ：35
セル【C7】 ：48	セル【D7】 ：81	セル【E7】 ：58
セル【C8】 ：52	セル【D8】 ：92	セル【E8】 ：72
セル【C9】 ：59	セル【D9】 ：87	セル【E9】 ：60
セル【C10】：30	セル【D10】：75	セル【E10】：47

基礎 P.46 ⑨ セル【C11】に「雅」の数値を合計する数式を入力しましょう。
次に、セル【F5】に「4月」の数値を合計する数式を入力しましょう。
数式には演算記号とセル参照を使います。

基礎 P.66 ⑩ オートフィルを使って、セル【C11】の数式をセル範囲【D11：E11】にコピーしましょう。
次に、セル【F5】の数式をセル範囲【F6：F11】にコピーしましょう。

基礎 P.60 ⑪ ブックに「Lesson2完成」と名前を付けて、フォルダー「Excel2021ドリル」のフォルダー「学習ファイル」に保存しましょう。

※ブックを閉じておきましょう。

基礎

第1章

第2章

第3章

第4章

第5章

第6章

第7章

第8章

第9章

応用

第1章

第2章

第3章

第4章

第5章

第6章

第7章

第8章

第9章

まとめ

OPEN

E Lesson3

あなたは、新商品の1週間の売上実績を集計することになりました。
完成図のような表を作成しましょう。

●完成図

	A	B	C	D	E	F	G
1		新商品「4つのカラーで健康」シリーズ週間売上					
2						4月第1週	
3							
4		ドリンク					
5		商品No.	商品名	単価	数量	売上金額	
6		1001	赤ドリンク	200	128	25600	
7		1002	黄ドリンク	200	153	30600	
8		1003	緑ドリンク	200	97	19400	
9		1004	白ドリンク	200	52	10400	
10		合計			430	86000	
11							
12		サプリメント					
13		商品No.	商品名	単価	数量	売上金額	
14		2001	赤サプリ	500	189	94500	
15		2002	黄サプリ	500	102	51000	
16		2003	緑サプリ	500	128	64000	
17		2004	白サプリ	500	61	30500	
18		合計			480	240000	
19							

基礎

第1章
第2章
第3章
第4章
第5章
第6章
第7章
第8章
第9章

応用
第1章
第2章
第3章
第4章
第5章
第6章
第7章
第8章
第9章

まとめ

基礎 P.65 ① オートフィルを使って、セル範囲【B7:B9】に「1002」「1003」「1004」と1ずつ増加する数値を入力しましょう。

基礎 P.65 ② オートフィルを使って、セル範囲【D7:D9】にそれぞれ「200」の数値を入力しましょう。

基礎 P.46 ③ セル【F6】に「赤ドリンク」の「売上金額」を求める数式を入力しましょう。
数式には演算記号とセル参照を使います。

(HINT) 「売上金額」は「単価×数量」で求めます。「×」は「＊(アスタリスク)」を使います。

基礎 P.66 ④ オートフィルを使って、セル【F6】の数式をセル範囲【F7:F9】にコピーしましょう。

基礎 P.46 ⑤ セル【E10】に「数量」の数値を合計する数式を入力しましょう。
数式には演算記号とセル参照を使います。

基礎 P.66 ⑥ オートフィルを使って、セル【E10】の数式をセル【F10】にコピーしましょう。

基礎 P.51 ⑦ セル範囲【B5:F10】をセル【B13】を開始位置としてコピーしましょう。

基礎 P.53 ⑧ セル範囲【B14:E17】のデータをクリアしましょう。

基礎 P.38,40,48,65 ⑨ セル範囲【B14:E17】に、次のようにデータを入力し、合計の計算結果が再計算されることを確認しましょう。

セル【B14】:2001	セル【C14】:赤サプリ	セル【D14】:500	セル【E14】:89
セル【B15】:2002	セル【C15】:黄サプリ	セル【D15】:500	セル【E15】:102
セル【B16】:2003	セル【C16】:緑サプリ	セル【D16】:500	セル【E16】:128
セル【B17】:2004	セル【C17】:白サプリ	セル【D17】:500	セル【E17】:61

(HINT) セル範囲【B15:B17】とセル範囲【D15:D17】の数値は、オートフィルを使って入力すると効率的です。

基礎 P.60 ⑩ ブックに「Lesson3完成」と名前を付けて、フォルダー「Excel2021ドリル」のフォルダー「学習ファイル」に保存しましょう。

基礎 P.42 ⑪ セル【E14】の「89」を「189」に上書きして修正しましょう。

基礎 P.62 ⑫ ブックを上書き保存しましょう。

※ブックを閉じておきましょう。

14

Lesson 4

表の作成

標準解答 ▶

OPEN

E Lesson4

あなたは、営業管理部に勤務しており、上期の売上予算実績を集計することになりました。
完成図のような表を作成しましょう。

●完成図

	A	B	C	D	E	F	G	H
1			*上期売上実績表*					
2								
3						単位：千円		
4			売上予算	売上実績	実績累計	予算達成率		
5		4月	3,000	4,560	4,560	152%		
6		5月	3,000	3,200	7,760	107%		
7		6月	3,000	3,750	11,510	125%		
8		7月	4,000	2,980	14,490	75%		
9		8月	5,000	3,010	17,500	60%		
10		9月	5,000	6,980	24,480	140%		
11		合計	23,000	24,480		106%		
12		平均	3,833	4,080				
13								
14								
15								
16								

Sheet1 ⊕

基礎

第1章

第2章

第3章

第4章

第5章

第6章

第7章

第8章

第9章

応用

第1章

第2章

第3章

第4章

第5章

第6章

第7章

第8章

第9章

まとめ

基礎 P.89-93 ① セル【B1】に、次のように書式を設定しましょう。

> フォント　　　：游明朝
> フォントサイズ：22ポイント
> フォントの色　：青
> 太字
> 斜体

基礎 P.76 ② 表全体に格子の罫線を引きましょう。

基礎 P.96 ③ C列からE列までの列の幅を10文字分に設定しましょう。

基礎 P.96 ④ F列の列幅を最長データに合わせて自動調整しましょう。

基礎 P.86 ⑤ セル範囲【B6:B13】とセル範囲【C5:F5】の項目名を中央揃えにしましょう。

基礎 P.86 ⑥ セル【F4】の「単位：千円」を右揃えにしましょう。

基礎 P.46,66 ⑦ セル範囲【E6:E11】に「実績累計」を求める数式を入力しましょう。

(HINT) セル【E6】にはセル【D6】を参照する数式を入力します。別のセルの値を表示させるには、「＝」を入力してから参照するセルをクリックします。セル【E7】以降には「前月の実績累計＋当月の売上実績」の数式を入力します。

基礎 P.72 ⑧ セル範囲【C12:D12】に「合計」を求める数式を入力しましょう。

基礎 P.74 ⑨ セル範囲【C13:D13】に「平均」を求める数式を入力しましょう。

基礎 P.46,66 ⑩ セル範囲【F6:F12】に「予算達成率」を求める数式を入力しましょう。

(HINT) 「予算達成率」は「売上実績÷売上予算」で求めます。「÷」は「/（スラッシュ）」を使います。

基礎 P.81 ⑪ セル範囲【F6:F12】をパーセントで表示しましょう。

基礎 P.80 ⑫ セル範囲【C6:D13】とセル範囲【E6:E11】に3桁区切りカンマを付けましょう。

基礎 P.78 ⑬ 完成図を参考に、セル範囲【E12:E13】とセル【F13】に斜線を引きましょう。

基礎 P.99 ⑭ 3行目を削除しましょう。

※ブックに「Lesson4完成」と名前を付けて、フォルダー「学習ファイル」に保存し、閉じておきましょう。

Lesson 5

第3章
表の作成

標準解答 ▶

OPEN

E Lesson5

あなたは、ショッピングサイトで、カテゴリーごとに年代別の商品売上を集計することになりました。
完成図のような表を作成しましょう。

●完成図

単位：千円

カテゴリー	10代以下	20代	30代	40代	50代	60代以上	合計
本・コミック	982	765	690	762	448	298	3,945
DVD・ミュージック	1,219	1,023	782	541	654	322	4,541
ゲーム	1,025	3,211	2,298	1,981	790	187	9,492
家電・AV機器	1,982	1,291	1,769	1,215	1,231	784	8,272
パソコン	871	1,765	1,871	1,566	990	665	7,728
アウトドア	540	1,889	1,230	1,021	991	549	6,220
その他	232	345	671	782	750	267	3,047
合計	6,851	10,289	9,311	7,868	5,854	3,072	43,245

タイトル：FOMショッピング年代別購入状況

▶C列とK列を表示

単位：千円

カテゴリー	目標額	10代以下	20代	30代	40代	50代	60代以上	合計	達成率
本・コミック	5,000	982	765	690	762	448	298	3,945	78.9%
DVD・ミュージック	5,000	1,219	1,023	782	541	654	322	4,541	90.8%
ゲーム	8,000	1,025	3,211	2,298	1,981	790	187	9,492	118.7%
家電・AV機器	8,000	1,982	1,291	1,769	1,215	1,231	784	8,272	103.4%
パソコン	8,000	871	1,765	1,871	1,566	990	665	7,728	96.6%
アウトドア	6,000	540	1,889	1,230	1,021	991	549	6,220	103.7%
その他	3,000	232	345	671	782	750	267	3,047	101.6%
合計	43,000	6,851	10,289	9,311	7,868	5,854	3,072	43,245	100.6%

タイトル：FOMショッピング年代別購入状況

基礎 P.76 ① 表全体に格子の罫線を引きましょう。

基礎 P.77 ② セル範囲【B11:K11】の下に太線を引きましょう。

基礎 P.72 ③ セル【C12】に「目標額」の「合計」を求める数式を入力しましょう。

基礎 P.72 ④ セル範囲【D12:I12】とセル範囲【J5:J12】に「合計」を求める数式を入力しましょう。

> **(HINT)** 合計する数値と、合計を表示するセル範囲を選択して、Σ(合計)をクリックすると、縦横の合計を一度に求めることができます。

基礎 P.46,66 ⑤ セル範囲【K5:K12】に「達成率」を求める数式を入力しましょう。
数式をコピーするときに書式はコピーされないようにします。

> **(HINT)** ・「達成率」は「各カテゴリーの合計÷目標額」で求めます。
> ・書式をコピーせずに数式だけをコピーするには、数式をコピーした直後に表示される
> (オートフィルオプション)を使います。

基礎 P.80 ⑥ セル範囲【C5:J12】に3桁区切りカンマを付けましょう。

基礎 P.81,83 ⑦ セル範囲【K5:K12】を小数第1位までのパーセントで表示しましょう。

基礎 P.96 ⑧ A列の列の幅を3文字分、B列の列の幅を20文字分に設定しましょう。

基礎 P.98 ⑨ 4行目から12行目までの行の高さを「21」ポイントに設定しましょう。

基礎 P.92,94 ⑩ セル範囲【B4:K4】とセル【B12】にセルのスタイル「青,アクセント1」と太字を設定しましょう。

基礎 P.94 ⑪ セル範囲【B5:B11】にセルのスタイル「薄い青,20%-アクセント1」を設定しましょう。

基礎 P.102 ⑫ C列とK列を非表示にしましょう。

※ブックに「Lesson5完成」と名前を付けて、フォルダー「学習ファイル」に保存し、閉じておきましょう。

第4章

第5章

第6章

第7章

第8章

第9章

応用

第1章

第2章

第3章

第4章

第5章

第6章

第7章

第8章

第9章

まとめ

Lesson 6

表の作成

標準解答 ▶

OPEN

📧 Lesson6

あなたは、ホームセンターの購買部門に勤務しており、取引先に発注書を発行することになりました。
完成図のような表を作成しましょう。

●完成図

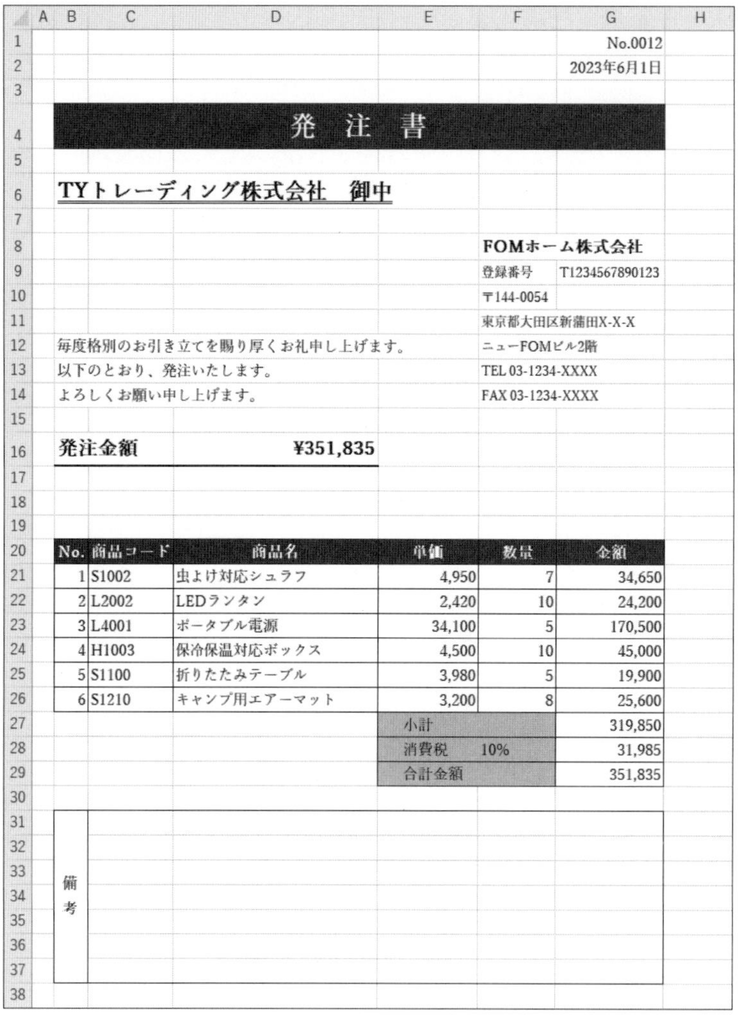

基礎 P.84 ① セル【G2】の「6月1日」の表示形式を「2023年6月1日」に変更しましょう。

基礎 P.79,88,90-92 ② セル【B4】の「発 注 書」がセル範囲【B4:G4】の中央に配置されるように設定し、次のように書式を設定しましょう。セルは結合されないようにします。

> フォントサイズ ：20ポイント
> 塗りつぶしの色：青、アクセント1、黒+基本色25%
> フォントの色 ：白、背景1
> 太字

HINT 選択した範囲内で中央に設定するには、《セルの書式設定》ダイアログボックスの《配置》タブで設定します。

基礎

第1章

第2章

第3章

第4章

第5章

第6章

第7章

第8章

第9章

応用

第1章

第2章

第3章

第4章

第5章

第6章

第7章

第8章

第9章

まとめ

基礎 P.100,101 ③ 4行目と5行目の間に1行挿入しましょう。挿入した行の書式はクリアします。

(HINT) 書式をクリアするには、行を挿入した直後に表示される 🖋 (挿入オプション) を使います。

基礎 P.89 ④ シート「Sheet1」のすべてのセルのフォントを「游明朝」に変更しましょう。

(HINT) すべてのセルを選択するには、全セル選択ボタンを使います。

基礎 P.76 ⑤ セル範囲【F8：G14】の罫線を解除しましょう。

基礎 P.46,66 ⑥ セル範囲【G21：G26】に「金額」を求める数式を入力しましょう。

(HINT) 「金額」は「単価×数量」で求めます。

※セル範囲【G21：G26】には3桁区切りカンマが設定されています。

基礎 P.72 ⑦ セル【G27】に「金額」の「小計」を求める数式を入力しましょう。
※セル【G27】には3桁区切りカンマが設定されています。

基礎 P.46 ⑧ セル【G28】に「小計」の「消費税」を求める数式を入力しましょう。

(HINT) 「消費税」は「小計×消費税率」で求めます。「消費税率」は、セル【F28】を使います。

※セル【G28】には3桁区切りカンマが設定されています。

基礎 P.72 ⑨ セル【G29】に「小計」と「消費税」の「合計金額」を求める数式を入力しましょう。
※セル【G29】には3桁区切りカンマが設定されています。

基礎 P.46 ⑩ セル【D16】にセル【G29】のデータを参照する数式を入力しましょう。

基礎 P.80 ⑪ セル【D16】に通貨記号「¥」を付けましょう。

基礎 P.103 ⑫ 31行目から37行目までを再表示しましょう。

(HINT) 行を再表示するには、再表示する行の上下の行を選択→選択した行番号を右クリック→
《再表示》を使います。

基礎 P.87,88 ⑬ セル範囲【B31：B37】を結合して文字列をセルの中央に配置し、縦書きにしましょう。

※ブックに「Lesson6完成」と名前を付けて、フォルダー「学習ファイル」に保存し、閉じておきましょう。

Lesson 7　第4章　数式の入力

標準解答 ▶

OPEN

E Lesson7

あなたは、通信講座を運営する会社に勤務しており、講座の売上を集計することになりました。完成図のような表を作成しましょう。

●完成図

	A	B	C	D	E	F	G	H	I
1		通信講座申込状況							
2									
3		申込者数					単位：人		
4		講座	POP広告	空間プロデュース	心理カウンセラー	ペットトリマー	合計		
5		4月	37	46	35	19	137		
6		5月	24	35	29	14	102		
7		6月	28	32	21	15	96		
8		合計	89	113	85	48	335		
9		平均	29.7	37.7	28.3	16.0	111.7		
10									
11		売上金額					単位：円		
12		講座	POP広告	空間プロデュース	心理カウンセラー	ペットトリマー	合計		
13		受講料	60,000	45,000	63,000	52,000			
14		4月	2,220,000	2,070,000	2,205,000	988,000	7,483,000		
15		5月	1,440,000	1,575,000	1,827,000	728,000	5,570,000		
16		6月	1,680,000	1,440,000	1,323,000	780,000	5,223,000		
17		合計	5,340,000	5,085,000	5,355,000	2,496,000	18,276,000		
18		平均	1,780,000	1,695,000	1,785,000	832,000	6,092,000		
19									
20									
21									

Sheet1 ⊕

基礎 P.72　① セル範囲【C8：F8】とセル範囲【G5：G8】に「合計」を求める数式を入力しましょう。

基礎 P.74,109　② セル範囲【C9：G9】に「平均」を求める数式を入力しましょう。

基礎 P.83　③ セル範囲【C9：G9】を小数第1位までの表示にしましょう。

基礎 P.66,124　④ セル範囲【C14：C16】に「POP広告」の「売上金額」を求める数式を入力しましょう。

HINT ・「売上金額」は「受講料×申込者数」で求めます。
・「空間プロデュース」「心理カウンセラー」「ペットトリマー」の欄にコピーできるように、「受講料」は行だけを固定します。
※セル【C14】には3桁区切りカンマが設定されています。

基礎 P.66　⑤ セル範囲【C14：C16】に入力した数式をセル範囲【D14：F16】にコピーしましょう。

基礎 P.72　⑥ セル範囲【C17：F17】とセル範囲【G14：G17】に「合計」を求める数式を入力しましょう。
※セル範囲【C17：F17】とセル範囲【G14：G17】には3桁区切りカンマが設定されています。

基礎 P.74,109　⑦ セル範囲【C18：G18】に「平均」を求める数式を入力しましょう。
※セル範囲【C18：G18】には3桁区切りカンマが設定されています。

※ブックに「Lesson7完成」と名前を付けて、フォルダー「学習ファイル」に保存し、閉じておきましょう。

基礎
第1章
第2章
第3章
第4章
第5章
第6章
第7章
第8章
第9章
応用
第1章
第2章
第3章
第4章
第5章
第6章
第7章
第8章
第9章
まとめ

OPEN

E Lesson8

あなたは、専門学校のスタッフで、先日実施されたパソコン試験の結果を集計することになりました。
完成図のような表を作成しましょう。

●完成図

	A	B	C	D	E	F	G	H	I	J	K
1		パソコンスキル結果									
2											
3		氏名	部署名	年齢	Word	Excel					
4		平井　啓介	営業部	29	72	85		Word受験者数	7	人	
5		岩本　真	総務部	36		72		Excel受験者数	9	人	
6		吉川　真由美	マーケティング部	38	96			受験者総数	11	人	
7		浜田　浩司	営業部	46	58	77					
8		大島　円	営業部	33	62			Word平均点	70.9	点	
9		吉岡　未希	総務部	27		74		Word最高点	96	点	
10		斉藤　博	総務部	52	68	53		Word最低点	58	点	
11		下川　省吾	マーケティング部	31		98					
12		河本　ゆかり	営業部	39	65	73		Excel平均点	79.0	点	
13		佐藤　莉緒	マーケティング部	28		87		Excel最高点	98	点	
14		横森　光一	営業部	25	75	92		Excel最低点	53	点	
15											

基礎 **P.118** ① 「Word」の得点をもとに、セル【I4】に「Word受験者数」を求める数式を入力しましょう。

基礎 **P.118** ② 「Excel」の得点をもとに、セル【I5】に「Excel受験者数」を求める数式を入力しましょう。

基礎 **P.120** ③ 「氏名」のデータをもとに、セル【I6】に「受験者総数」を求める数式を入力しましょう。

基礎 **P.74,109** ④ セル【I8】に「Word平均点」を求める数式を入力しましょう。

基礎 **P.115** ⑤ セル【I9】に「Word最高点」を求める数式を入力しましょう。

基礎 **P.116** ⑥ セル【I10】に「Word最低点」を求める数式を入力しましょう。

基礎 **P.74,109** ⑦ セル【I12】に「Excel平均点」を求める数式を入力しましょう。

基礎 **P.115** ⑧ セル【I13】に「Excel最高点」を求める数式を入力しましょう。

基礎 **P.116** ⑨ セル【I14】に「Excel最低点」を求める数式を入力しましょう。

基礎 **P.83** ⑩ セル【I8】とセル【I12】を小数第1位までの表示にしましょう。

※ブックに「Lesson8完成」と名前を付けて、フォルダー「学習ファイル」に保存し、閉じておきましょう。

Lesson 9

第5章

複数シートの操作

標準解答 ▶

OPEN

E Lesson9

あなたは、ヘアーサロンのスタッフで、月ごとの売上表をまとめることになりました。
完成図のような表を作成しましょう。

※アクティブシートを切り替えて、各シートの内容を確認しておきましょう。

●完成図

ヘアーサロン売上表（4月）

単位：円

分類	メニュー	料金	人数	金額
カット	カット・シャンプー・ブロー	5,250	25	131,250
	カットのみ	4,200	15	63,000
カラー	白髪染め	4,200	56	235,200
	ファッションカラー	5,200	21	109,200
パーマ	パーマ	9,000	43	387,000
	デジタルパーマ	12,000	50	600,000
ストレート	ノーマルストレート	8,400	43	361,200
	縮毛矯正	15,000	55	825,000
合計				2,711,850

『 4月 | 5月 | 6月 | ⊕

ヘアーサロン売上表（5月）

単位：円

分類	メニュー	料金	人数	金額
カット	カット・シャンプー・ブロー	5,250	31	162,750
	カットのみ	4,200	10	42,000
カラー	白髪染め	4,200	33	138,600
	ファッションカラー	5,200	45	234,000
パーマ	パーマ	9,000	32	288,000
	デジタルパーマ	12,000	42	504,000
ストレート	ノーマルストレート	8,400	31	260,400
	縮毛矯正	15,000	35	525,000
合計				2,154,750

『 4月 | 5月 | 6月 | ⊕

ヘアーサロン売上表（6月）

単位：円

分類	メニュー	料金	人数	金額
カット	カット・シャンプー・ブロー	5,250	31	162,750
	カットのみ	4,200	9	37,800
カラー	白髪染め	4,200	59	247,800
	ファッションカラー	5,200	22	114,400
パーマ	パーマ	9,000	45	405,000
	デジタルパーマ	12,000	43	516,000
ストレート	ノーマルストレート	8,400	21	176,400
	縮毛矯正	15,000	72	1,080,000
合計				2,740,150

『 4月 | 5月 | 6月 | ⊕

基礎 P.137 ① シート「Sheet2」を右側にコピーしましょう。

基礎 P.130 ② シートの名前を次のようにそれぞれ変更しましょう。

「Sheet1」	：4月
「Sheet2」	：5月
「Sheet2(2)」	：6月

基礎 P.42,43 ③ シート「6月」のデータを次のように修正しましょう。

セル【B1】：ヘアーサロン売上表(6月)	セル【E8】 ：45
セル【E4】：31	セル【E9】 ：43
セル【E5】：9	セル【E10】：21
セル【E6】：59	セル【E11】：72
セル【E7】：22	

基礎 P.132 ④ シート「4月」からシート「6月」の3枚のシートをグループとして設定しましょう。

基礎 P.89,90,92 ⑤ シート「4月」からシート「6月」のセル【B1】に、次のように書式を設定しましょう。

フォント	：MSP明朝
フォントサイズ：16ポイント	
太字	

基礎 P.86,88 ⑥ セル範囲【B3:F3】の項目名を中央揃えにしましょう。
次に、セル【B12】の「合計」がセル範囲【B12:E12】の中央に配置されるように設定しましょう。セルは結合されないようにします。

基礎 P.79,92 ⑦ セル範囲【B3:F3】とセル範囲【B12:E12】に塗りつぶしの色「オレンジ、アクセント2、白+基本色60%」を設定しましょう。
次に、セル範囲【B3:F3】とセル【B12】に太字を設定しましょう。

基礎 P.46,66,72 ⑧ セル範囲【F4:F11】に「金額」を求める数式を入力しましょう。
次に、セル【F12】に「合計」を求める数式を入力しましょう。

基礎 P.80 ⑨ セル範囲【D4:D11】とセル範囲【F4:F12】に3桁区切りカンマを付けましょう。

基礎 P.96 ⑩ A列の列の幅を3文字分、B列の列の幅を10文字分、C列の列の幅を30文字分に設定しましょう。

基礎 P.22,135 ⑪ セル【A1】をアクティブセルにしましょう。次に、グループを解除しましょう。

※ブックに「Lesson9完成」と名前を付けて、フォルダー「学習ファイル」に保存し、閉じておきましょう。

基礎

第1章
第2章
第3章
第4章
第5章
第6章
第7章
第8章
第9章

応用

第1章
第2章
第3章
第4章
第5章
第6章
第7章
第8章
第9章

まとめ

Excel 2021　基礎

OPEN

E Lesson10

あなたは、各店舗における新商品の販売数を集計することになりました。
完成図のような表を作成しましょう。
※アクティブシートを切り替えて、各シートの内容を確認しておきましょう。

●完成図

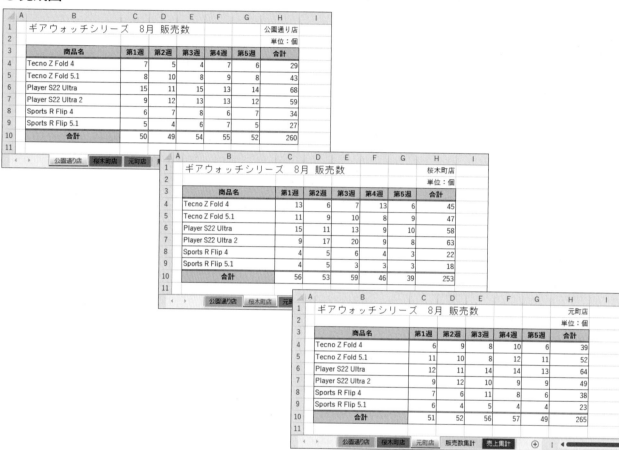

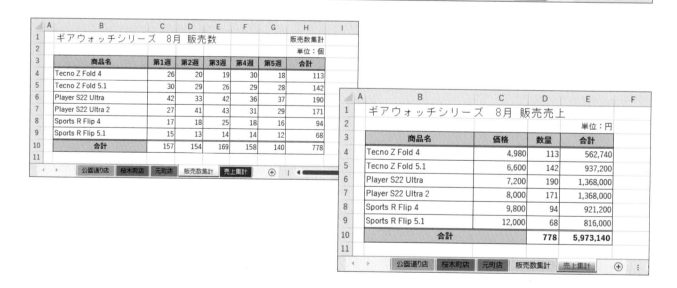

基礎

第1章

第2章

第3章

第4章

第5章

第6章

第7章

第8章

第9章

応用

第1章

第2章

第3章

第4章

第5章

第6章

第7章

第8章

第9章

まとめ

基礎 P.136 ① 「公園通り店」「桜木町店」「元町店」「売上集計」の順番になるようにシートを移動しましょう。

基礎 P.130,137 ② シート「元町店」をシート「元町店」の右側にコピーし、コピーしたシートの名前を「販売数集計」に変更しましょう。

基礎 P.42,53 ③ シート「販売数集計」のセル【H1】を「販売数集計」に変更し、セル範囲【C4:G9】のデータをクリアしましょう。

基礎 P.131 ④ シート見出しの色を次のように変更しましょう。

> シート「公園通り店」：オレンジ
> シート「桜木町店」　：緑
> シート「元町店」　　：薄い青
> シート「販売数集計」：黄
> シート「売上集計」　：濃い赤

基礎 P.132 ⑤ シート「公園通り店」からシート「販売数集計」までの4枚のシートをグループとして設定しましょう。

基礎 P.79,89,90,92 ⑥ シート「公園通り店」からシート「販売数集計」までの4枚シートに、次のように書式を設定しましょう。

> セル【B1】
> 　フォント　　　　：MSゴシック
> 　フォントサイズ　：16ポイント
> セル範囲【B3:H3】とセル【B10】
> 　太字
> 　塗りつぶしの色：青、アクセント1、白+基本色80%

基礎 P.22,135 ⑦ セル【A1】をアクティブセルにしましょう。次に、グループを解除しましょう。

基礎 P.139,141 ⑧ シート「販売数集計」に、シート「公園通り店」からシート「元町店」までの3枚のシートの数値を集計しましょう。
数式をコピーするとき、罫線の種類が変更されないようにします。

基礎 P.143 ⑨ シート「販売数集計」のセル範囲【H4:H9】を、シート「売上集計」のセル【D4】を開始位置としてリンク貼り付けしましょう。

※ブックに「Lesson10完成」と名前を付けて、フォルダー「学習ファイル」に保存し、閉じておきましょう。

Lesson 11

第6章
表の印刷

標準解答 ▶

OPEN

E Lesson11

あなたは、全国販売会議に向けて、部門別の売上実績を印刷して準備することになりました。完成図のように表を印刷しましょう。

●完成図

全国営業会議資料　　　2023/4/1

部門別売上実績（第1四半期）

単位：円

		4月			5月			6月			部門合計		総合計
		飲料部門	食品部門	合計	飲料部門	食品部門	合計	飲料部門	食品部門	合計	飲料部門	食品部門	
札幌	第1営業課	3,200,000	1,600,000	4,800,000	2,300,000	4,800,000	7,100,000	1,900,000	1,800,000	3,700,000	7,400,000	8,200,000	15,600,000
	第2営業課	260,000	5,600,000	5,860,000	2,600,000	1,200,000	3,800,000	1,500,000	2,300,000	3,800,000	4,360,000	9,100,000	13,460,000
	合計	3,460,000	7,200,000	10,660,000	4,900,000	6,000,000	10,900,000	3,400,000	4,100,000	7,500,000	11,760,000	17,300,000	29,060,000
仙台	第1営業課	2,500,000	1,250,000	3,750,000	1,240,000	1,140,000	2,380,000	985,000	1,250,000	2,235,000	4,725,000	3,640,000	8,365,000
	第2営業課	1,250,000	980,000	2,230,000	658,000	560,000	1,218,000	658,000	785,000	1,443,000	2,566,000	2,325,000	4,891,000
	第3営業課	800,000	2,400,000	3,200,000	2,300,000	8,400,000	10,700,000	1,980,000	1,290,000	3,270,000	5,080,000	12,090,000	17,170,000
	合計	4,550,000	4,630,000	9,180,000	4,198,000	10,100,000	14,298,000	3,623,000	3,325,000	6,948,000	12,371,000	18,055,000	30,426,000
東京	第1営業課	2,800,000	2,200,000	5,000,000	3,300,000	810,000	4,110,000	3,000,000	260,000	3,260,000	9,100,000	3,270,000	12,370,000
	第2営業課	4,200,000	1,200,000	5,400,000	2,600,000	2,900,000	5,500,000	3,100,000	1,900,000	5,000,000	9,900,000	6,000,000	15,900,000
	第3営業課	3,800,000	800,000	4,600,000	2,800,000	1,300,000	4,100,000	2,300,000	3,900,000	6,200,000	8,900,000	6,000,000	14,900,000
	第4営業課	2,350,000	985,000	3,335,000	985,000	2,450,000	3,435,000	2,340,000	685,000	3,025,000	5,675,000	4,120,000	9,795,000
	第5営業課	1,000,000	2,430,000	3,430,000	2,200,000	1,850,000	4,050,000	3,230,000	540,000	3,770,000	6,430,000	4,820,000	11,250,000
	合計	14,150,000	7,615,000	21,765,000	11,885,000	9,310,000	21,195,000	13,970,000	7,285,000	21,255,000	40,005,000	24,210,000	64,215,000
名古屋	第1営業課	3,200,000	3,800,000	7,000,000	2,300,000	7,800,000	10,100,000	2,700,000	1,600,000	4,300,000	8,200,000	13,200,000	21,400,000
	第2営業課	4,000,000	120,000	4,120,000	2,500,000	1,200,000	3,700,000	2,600,000	6,000,000	8,600,000	9,100,000	7,320,000	16,420,000
	第3営業課	98,000	568,000	666,000	2,140,000	875,000	3,015,000	2,450,000	685,000	3,135,000	4,688,000	2,128,000	6,816,000
	合計	7,298,000	4,488,000	11,786,000	6,940,000	9,875,000	16,815,000	7,750,000	8,285,000	16,035,000	21,988,000	22,648,000	44,636,000
大阪	第1営業課	3,200,000	800,000	4,000,000	2,200,000	3,400,000	5,600,000	2,000,000	1,800,000	3,800,000	7,400,000	6,000,000	13,400,000
	第2営業課	4,000,000	5,000,000	9,000,000	2,500,000	1,500,000	4,000,000	2,600,000	390,000	2,990,000	9,100,000	6,890,000	15,990,000
	第3営業課	3,400,000	1,500,000	4,900,000	4,800,000	1,600,000	6,400,000	3,000,000	2,500,000	5,500,000	11,200,000	5,600,000	16,800,000
	合計	10,600,000	7,300,000	17,900,000	9,500,000	6,500,000	16,000,000	7,600,000	4,690,000	12,290,000	27,700,000	18,490,000	46,190,000
広島	第1営業課	1,250,000	985,000	2,235,000	983,000	652,000	1,635,000	932,000	832,000	1,764,000	3,165,000	2,469,000	5,634,000
	第2営業課	3,250,000	800,000	4,050,000	1,710,000	912,000	2,622,000	1,010,000	754,000	1,764,000	5,970,000	2,466,000	8,436,000
	合計	4,500,000	1,785,000	6,285,000	2,693,000	1,564,000	4,257,000	1,942,000	1,586,000	3,528,000	9,135,000	4,935,000	14,070,000
福岡	第1営業課	3,000,000	60,000	3,060,000	2,300,000	480,000	2,780,000	2,000,000	3,000,000	5,000,000	7,300,000	3,540,000	10,840,000
	第2営業課	4,100,000	9,000,000	13,100,000	2,500,000	2,300,000	4,800,000	2,600,000	1,300,000	3,900,000	9,200,000	12,600,000	21,800,000
	第3営業課	1,240,000	98,000	1,338,000	56,000	78,000	134,000	1,240,000	78,000	1,318,000	2,536,000	254,000	2,790,000
	合計	8,340,000	9,158,000	17,498,000	4,856,000	2,858,000	7,714,000	5,840,000	4,378,000	10,218,000	19,036,000	16,394,000	35,430,000
総合計		52,898,000	42,176,000	95,074,000	44,972,000	46,207,000	91,179,000	44,125,000	33,649,000	77,774,000	141,995,000	122,032,000	264,027,000

基礎 P.27,152 ① 表示モードをページレイアウトに切り替えて、表示倍率を70%にしましょう。

基礎 P.153,154 ② 次のようにページを設定しましょう。

用紙サイズ：A4
用紙の向き：横
余白　　　：狭い

基礎 P.157 ③ ヘッダーの左側に「全国営業会議資料」という文字列が表示されるように設定しましょう。

基礎 P.155 ④ ヘッダーの右側に現在の日付が表示されるように設定しましょう。

基礎 P.161 ⑤ 表示モードを改ページプレビューに切り替えましょう。

基礎 P.162 ⑥ データが入力されているセル範囲が、1ページにすべて印刷されるように設定しましょう。

基礎 P.159 ⑦ 表が水平方向のページ中央に印刷されるように設定しましょう。

(HINT) 表をページ中央に印刷されるように設定するには、《ページ設定》ダイアログボックスの《余白》タブを使います。

基礎 P.160 ⑧ 印刷イメージを確認しましょう。

基礎 P.160 ⑨ 表を2部印刷しましょう。

※ブックに「Lesson11完成」と名前を付けて、フォルダー「学習ファイル」に保存し、閉じておきましょう。

基礎

第1章

第2章

第3章

第4章

第5章

第6章

第7章

第8章

第9章

応用

第1章

第2章

第3章

第4章

第5章

第6章

第7章

第8章

第9章

まとめ

Lesson 12

第6章
表の印刷

標準解答 ▶

OPEN

E Lesson12

あなたは、輸出商品の企画会議に向けて、各国の輸出額を参考資料として準備することになりました。
完成図のように表を印刷しましょう。

●完成図

2023/4/1

主要商品別輸出額（2020年）

単位：10億円

国（地域）		食料品	原料品	鉱物性燃料	化学製品	原料別製品	一般機械	電気機器	輸送用機器	その他	総額
アジア	アラブ首長国連邦	3.3	2.8	1.2	14	68	104	29	319	53	594.3
	イスラエル	0.3	0.4	0	10	4.9	45	11	71	18	160.6
	インド	0.7	22	15	240	248	213	138	37	56	969.7
	インドネシア	6.3	28	4.7	129	250	238	126	131	68	981
	オマーン	0.5	0.3	0.9	1	18	12	3.5	99	2.1	137.3
	カタール	0.3	0.3	0.2	0.8	17	13	3.7	70	3.3	108.6
	韓国	34	155	175	1105	671	1054	837	103	634	4768
	クウェート	0.4	0.1	0.1	0.8	22	8.3	2.3	115	2.2	151.2
	サウジアラビア	1.7	0.3	1.4	11	78	52	15	281	12	452.4
	シンガポール	26	4.5	79	195	137	267	402	207	569	1886.5
	タイ	33	50	14	311	594	563	571	304	283	2723
	台湾	91	66	15	891	565	855	1285	353	618	4739
	中国	129	236	101	2531	1781	3410	3274	1596	2023	15081
	パキスタン	0	3.1	0.2	7.3	33	23	8.2	43	6.6	124.4
	フィリピン	7.6	8.8	5.5	95	139	152	266	122	144	939.9
	ベトナム	46	125	12	205	347	276	512	76	225	1824
	香港	193	16	8.9	342	186	198	1295	99	1077	3414.9
	マレーシア	10	73	57	141	202	162	404	139	154	1342
	合計	583.1	791.6	491.1	6229.9	5360.9	7645.3	9182.7	4165	5948.2	40397.8
アメリカ	アメリカ合衆国	100	89	45	974	780	2837	1807	4522	1456	12610
	カナダ	9.2	1.9	0.1	25	47	100	93	419	77	772.2
	パナマ	0.1	-	0.1	0.4	2.3	20	2.3	464	2.7	491.9
	ブラジル	0.7	2.6	2.9	46	39	72	47	85	20	315.2
	メキシコ	0.9	1.6	5	38	176	178	157	273	66	895.5
	合計	110.9	95.1	53.1	1083.4	1044.3	3207	2106.3	5763	1621.7	15084.8

1/2

2023/4/1

主要商品別輸出額（2020年）

単位：10億円

国（地域）		食料品	原料品	鉱物性燃料	化学製品	原料別製品	一般機械	電気機器	輸送用機器	その他	総額
ヨーロッパ	イギリス	4.8	9	11	95	53	197	134	291	349	1143.8
	イタリア	2.1	4.8	0.1	68	39	83	33	129	44	403
	オーストリア	0.4	1.7	0	21	9	33	12	27	8	112.1
	オランダ	11	12	13	134	54	395	227	164	154	1164
	スイス	0.9	0.8	0	152	52	16	12	36	245	514.7
	スウェーデン	0.7	0.3	0.1	4.9	14	26	28	46	14	134
	スペイン	1.2	1.7	0	24	12	38	24	109	21	230.9
	ドイツ	5.3	16	2.2	236	116	343	514	270	372	1874.5
	トルコ	0.1	3.7	0.2	17	45	76	70	60	12	284
	フランス	6.6	2	0.1	78	34	137	97	153	94	601.7
	ベルギー	2	11	0.1	97	36	98	40	340	74	698.1
	ロシア	6.7	1.2	3.9	20	54	116	52	337	36	626.8
	合計	41.8	64.2	30.7	946.9	518	1558	1243	1962	1423	7787.6
アフリカ	南アフリカ共和国	1.1	1.3	2.9	13	18	29	14	91	7.7	178
	リベリア	0	0	0	0.1	0.4	3.3	0.3	226	0.1	230.2
	合計	1.1	1.3	2.9	13.1	18.4	32.3	14.3	317	7.8	230.2
オセアニア	オーストラリア	16	3	96	37	96	161	42	760	83	1294
	ニュージーランド	2.4	0.3	8.3	5.4	10	26	5.9	121	17	196.3
	合計	18.4	3.3	104.3	42.4	106	187	47.9	881	100	1490.3
欧州連合（EU）		32	58	18	816	399	1422	1187	1563	966	6460
	合計	32	58	18	816	399	1422	1187	1563	966	6460
	総計	787.3	1013.5	700.1	9131.7	7446.6	14051.6	13781.2	14651	10066.7	71450.7

【出典：総務省統計局　主要国，主要商品別輸出額】

2/2

基礎 P.27,152 　① 表示モードをページレイアウトに切り替えて、表示倍率を70%にしましょう。

基礎 P.153 　② 用紙の向きを「横」に設定しましょう。

基礎 P.155 　③ ヘッダーの右側に現在の日付が表示されるように設定しましょう。

基礎 P.155,157 　④ フッターの中央に「ページ番号/総ページ数」が表示されるように設定しましょう。

(HINT) 「/(スラッシュ)」は直接入力します。

基礎 P.161,162 　⑤ 表示モードを改ページプレビューに切り替えて、B列からM列までが印刷されるように設定しましょう。

基礎 P.158 　⑥ 1行目から3行目までを印刷タイトルとして設定しましょう。

基礎 P.162 　⑦ 1行目から28行目までが1ページ目、29行目から51行目までが2ページ目に表示されるように設定しましょう。

基礎 P.159 　⑧ 表が水平方向のページ中央に印刷されるように設定しましょう。

基礎 P.160 　⑨ すべてのページの印刷イメージを確認しましょう。

基礎 P.160 　⑩ 表を1部印刷しましょう。

※ブックに「Lesson12完成」と名前を付けて、フォルダー「学習ファイル」に保存し、閉じておきましょう。

Lesson 13

グラフの作成

標準解答 ▶

OPEN

E Lesson13

あなたは、スポーツクラブのスタッフで、年度別の新規会員数を分析することになりました。完成図のようなグラフを作成しましょう。

●完成図

	A	B	C	D	E	F	G	H	I
1		年代別新規会員数							
2							単位：人		
3			2019年度	2020年度	2021年度	2022年度	合計		
4		10代	34	21	58	34	147		
5		20代	59	68	90	112	329		
6		30代	55	41	68	72	236		
7		40代	67	98	101	165	431		
8		50代	49	38	98	50	235		
9		60代〜	6	10	11	9	36		
10		合計	270	276	426	442	1,414		

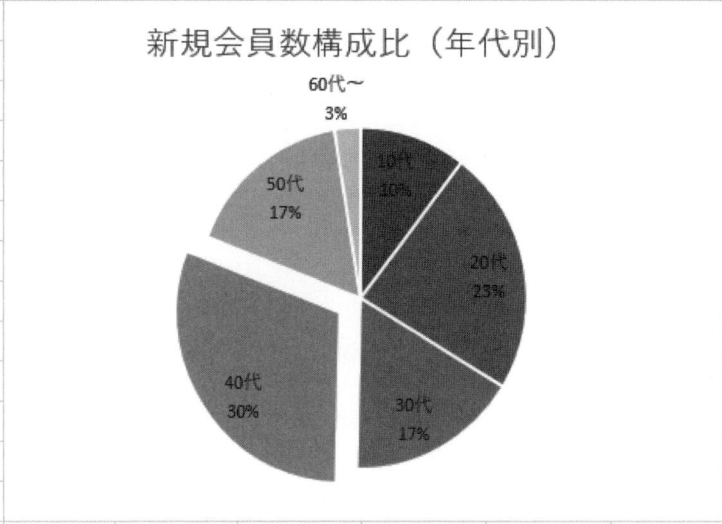

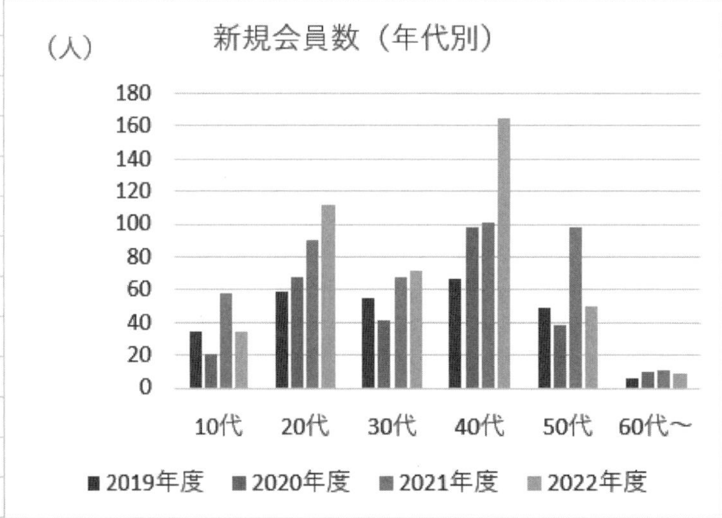

新規会員数構成比（年代別）

新規会員数（年代別）

基礎 P.170 ① 「合計」の数値をもとに、年代別の新規会員数構成比を表す2-Dの円グラフを作成しましょう。

基礎 P.173 ② グラフタイトルに「新規会員数構成比（年代別）」と入力しましょう。

基礎 P.174,175 ③ 作成したグラフをセル範囲【B12：G24】に配置しましょう。

基礎 P.189 ④ グラフのレイアウトを「レイアウト1」に変更しましょう。

基礎 P.191 ⑤ グラフタイトルのフォントサイズを「16」ポイントに変更しましょう。

基礎 P.177 ⑥ グラフの色を「モノクロパレット6」に変更しましょう。

基礎 P.178 ⑦ データ要素「40代 30%」を切り離して、強調しましょう。

基礎 P.194 ⑧ 表のデータをもとに、おすすめグラフを使って、年代別の新規会員数推移を表す集合縦棒グラフを作成しましょう。

基礎 P.173 ⑨ ⑧で作成したグラフのグラフタイトルに「新規会員数（年代別）」と入力しましょう。

基礎 P.174,175 ⑩ ⑧で作成したグラフをセル範囲【B26：G38】に配置しましょう。

基礎 P.188 ⑪ ⑧で作成したグラフの値軸の軸ラベルを表示し、「（人）」に変更しましょう。

基礎 P.190 ⑫ ⑧で作成したグラフの値軸の軸ラベルが左に90度回転した状態になっているのを解除し、グラフの左上に移動しましょう。

　　　(HINT) 軸ラベルの回転を解除するには、《ホーム》タブ→《配置》グループの［ ］（方向）を使います。

基礎 P.191 ⑬ ⑧で作成したグラフのグラフエリアのフォントサイズを「12」ポイントに変更しましょう。

※ブックに「Lesson13完成」と名前を付けて、フォルダー「学習ファイル」に保存し、閉じておきましょう。

Lesson 14

グラフの作成

標準解答 ▶

OPEN

E Lesson14

あなたは、営業管理部に勤務しており、第1四半期の支店別の売上実績を分析することになりました。
完成図のようなグラフを作成しましょう。

●完成図

	A	B	C	D	E	F	G	H	I
1		支店別売上表							
2							単位：円		
3		支店	部署	4月	5月	6月	合計		
4		関東支店	第1営業部	160,000	190,000	170,000	520,000		
5			第2営業部	230,000	120,000	95,000	445,000		
6		東海支店	第1営業部	123,000	114,000	125,000	362,000		
7			第2営業部	98,000	56,000	78,500	232,500		
8		関西支店	第1営業部	120,000	190,000	180,000	490,000		
9			第2営業部	220,000	81,000	62,000	363,000		
10		合計		951,000	751,000	710,500	2,412,500		
11									
12									

支店別売上グラフ　支店別売上表　⊕

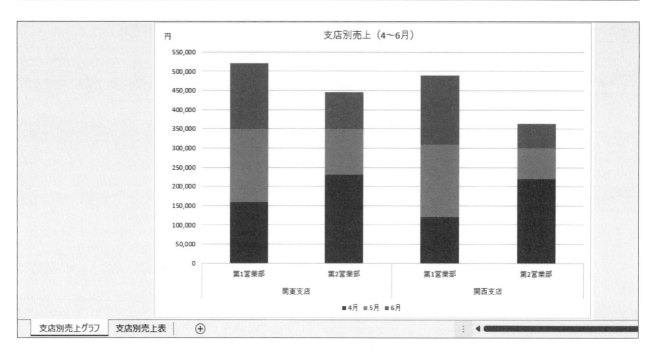

基礎

第1章

第2章

第3章

第4章

第5章

第6章

第7章

第8章

第9章

応用

第1章

第2章

第3章

第4章

第5章

第6章

第7章

第8章

第9章

まとめ

基礎 P.182　① 表のデータをもとに、月ごとの支店別部署別売上を表す集合縦棒グラフを作成しましょう。

基礎 P.184　② グラフタイトルに「支店別売上（4～6月）」と入力しましょう。

（HINT）「～」は「から」と入力して変換します。

基礎 P.185　③ 作成したグラフをグラフシートに移動しましょう。グラフシートの名前は「支店別売上グラフ」にします。

基礎 P.187　④ グラフの種類を積み上げ縦棒グラフに変更しましょう。

基礎 P.188　⑤ 値軸の軸ラベルを表示し、「円」と入力しましょう。

基礎 P.190　⑥ 値軸の軸ラベルを縦書きに変更し、グラフの左上に移動しましょう。

基礎 P.192　⑦ 値軸の目盛間隔を50000単位に変更しましょう。

基礎 P.176　⑧ グラフのスタイルを「スタイル1」に変更しましょう。

基礎 P.177　⑨ グラフの色を「カラフルなパレット2」に変更しましょう。

基礎 P.191　⑩ グラフエリアのフォントサイズを「12」ポイント、グラフタイトルのフォントサイズを「16」ポイントに変更しましょう。

基礎 P.193　⑪ グラフのデータ系列を「関東支店」と「関西支店」に絞り込みましょう。

※ブックに「Lesson14完成」と名前を付けて、フォルダー「学習ファイル」に保存し、閉じておきましょう。

Lesson 15

第8章

データベースの利用

標準解答 ▶

OPEN

E Lesson15

あなたは、青果店のスタッフで、野菜ごとの市場の卸売数量を分析して今後の仕入れに役立てることにしました。
次のように、データベースを操作しましょう。

▶ フラッシュフィルを使って「分類」「品目」を作成

野菜の月別卸売数量（豊洲市場）　　　　　　　　　　　　　　　　　　　　　　　　単位：トン

No.	分類	品名	1月	2月	3月	4月	5月	6月	7月	8月	9月	10月	11月	12月	合計
1	きのこ類	生しいたけ	69	57	61	51	50	51	48	45	52	83	93	79	739
2	きのこ類	なめこ	45	40	53	48	48	50	50	52	43	50	57	70	606
3	きのこ類	えのきだけ	184	178	160	111	92	89	98	101	118	157	148	144	1,580
4	きのこ類	しめじ	110	112	123	108	91	94	93	92	119	137	135	117	1,331
5	根菜類	だいこん	1,094	1,014	956	699	575	481	674	583	681	673	762	1,021	9,213
6	根菜類	かぶ	140	147	118	129	171	159	83	87	68	104	171	150	1,527
7	根菜類	にんじん	1,013	838	1,373	1,914	1,591	949	993	1,326	1,095	1,290	899	1,139	14,420
8	根菜類	ごぼう	50	53	48	59	74	53	44	28	44	54	94	122	723
9	根菜類	たけのこ	23	42	152	238	39	3	1	2	1	3	2	16	522
10	根菜類	れんこん	107	117	108	76	49	33	36	77	158	156	175	195	1,287
11	葉茎菜類	はくさい	1,630	1,394	619	476	373	519	618	609	795	1,405	1,492	1,572	11,502
12	葉茎菜類	みずな	92	98	103	102	89	72	75	71	78	70	78	79	1,007
13	葉茎菜類	こまつな	125	129	154	144	156	126	138	127	153	155	128	134	1,669
14	葉茎菜類	その他の菜類	11	14	20	15	10	5	5	2	2	4	6	5	99
15	葉茎菜類	ちんげんさい	34	38	53	53	54	46	46	43	43	46	46	42	544
16	葉茎菜類	キャベツ	1,459	1,830	2,305	2,002	1,691	1,892	1,850	2,077	1,967	2,097	1,852	1,613	22,635
17	葉茎菜類	ほうれんそう	201	221	208	164	172	130	107	72	119	165	153	210	1,922
18	葉茎菜類	ねぎ	976	737	721	633	697	747	718	796	906	970	943	1,111	9,955
19	葉茎菜類	ふき	8	6	21	49	30	4	0	-	-	4	11	8	141
20	葉茎菜類	うど	23	40	45	36	20	5	4	3	2	3	2	9	192
43	土物類	かんしょ	421	432	383	314	182	168	200	235	364	413	370	462	3,944
44	土物類	ばれいしょ	572	654	649	578	584	603	370	612	743	735	763	822	7,685
45	土物類	さといも	94	76	69	71	63	49	24	57	100	167	199	290	1,259
46	土物類	やまのいも	93	125	131	112	108	157	159	148	142	129	125	147	1,576
47	土物類	たまねぎ	1,009	561	755	1,858	2,143	1,365	1,066	953	761	961	755	1,038	13,225
48	土物類	にんにく	40	50	46	52	57	39	32	43	42	36	44	45	526
49	土物類	しょうが	46	43	59	79	107	134	138	106	69	49	44	48	922
50	その他の野菜	その他の野菜	603	625	696	657	779	848	784	805	634	589	552	599	8,171
51	その他の輸入野菜	その他の輸入野菜	98	108	130	128	127	101	118	136	112	109	103	133	1,403

出典：政府統計の総合窓口(e-Stat)

▶ 「1月」の数量が多い順に並べ替え

野菜の月別卸売数量（豊洲市場）　　　　　　　　　　　　　　　　　　　　　　　　単位：トン

No.	分類	品名	1月	2月	3月	4月	5月	6月	7月	8月	9月	10月	11月	12月	合計
11	葉茎菜類	はくさい	1,630	1,394	619	476	373	519	618	609	795	1,405	1,492	1,572	11,502
16	葉茎菜類	キャベツ	1,459	1,830	2,305	2,002	1,691	1,892	1,850	2,077	1,967	2,097	1,852	1,613	22,635
5	根菜類	だいこん	1,094	1,014	956	699	575	481	674	583	681	673	762	1,021	9,213
7	根菜類	にんじん	1,013	838	1,373	1,914	1,591	949	993	1,326	1,095	1,290	899	1,139	14,420
47	土物類	たまねぎ	1,009	561	755	1,858	2,143	1,365	1,066	953	761	961	755	1,038	13,225
18	葉茎菜類	ねぎ	976	737	721	633	697	747	718	796	906	970	943	1,111	9,955
28	洋菜類	レタス	852	781	793	691	787	1,150	1,189	1,223	1,115	875	638	860	10,954
33	果菜類	トマト	720	616	732	840	1,132	926	796	1,383	771	718	479	653	9,766
30	果菜類	きゅうり	617	531	658	863	1,035	834	853	1,374	1,161	797	521	424	9,668
50	その他の野菜	その他の野菜	603	625	696	657	779	848	784	805	634	589	552	599	8,171
44	土物類	ばれいしょ	572	654	649	578	584	603	370	612	743	735	763	822	7,685
43	土物類	かんしょ	421	432	383	314	182	168	200	235	364	413	370	462	3,944
32	果菜類	なす	370	355	547	680	800	776	557	638	502	550	376	303	6,454
31	果菜類	かぼちゃ	225	264	351	275	339	360	316	427	460	426	365	224	4,032
27	洋菜類	ブロッコリー	213	327	343	254	297	200	211	168	123	211	356	388	3,091
17	葉茎菜類	ほうれんそう	201	221	208	164	172	130	107	72	119	165	153	210	1,922
34	果菜類	ミニトマト	199	158	193	238	303	262	214	256	178	221	214	247	2,683
9	根菜類	たけのこ	23	42	152	238	39	3	3	2	1	3	2	16	522
20	葉茎菜類	うど	23	40	45	36	20	5	4	3	2	3	2	9	192
41	豆類	そらまめ	15	34	112	78	114	76	5	-	-	-	0	13	447
29	洋菜類	パセリ	14	10	12	15	15	11	12	11	8	9	8	15	140
36	果菜類	ししとうがらし	14	13	16	18	18	30	47	40	28	29	20	15	288
14	葉茎菜類	その他の菜類	11	14	20	15	10	5	5	2	2	4	6	5	99
19	葉茎菜類	ふき	8	6	21	49	30	4	0	-	-	4	11	8	141
40	豆類	実えんどう	5	3	7	10	14	5	0	-	-	2	3	0	49
37	果菜類	スイートコーン	1	1	0	2	34	394	447	327	42	1	0	0	1,249
42	豆類	えだまめ	1	1	2	10	42	130	227	249	181	58	2	5	908

▶「品名」の五十音順に並べ替え

野菜の月別卸売数量（豊洲市場）　単位：トン

No.	分類	品名	1月	2月	3月	4月	5月	6月	7月	8月	9月	10月	11月	12月	合計
25	洋菜類	アスパラガス	26	68	100	106	128	86	121	114	94	83	52	37	1,015
20	葉茎菜類	うど	23	40	45	36	20	5	4	3	2	3	2	9	192
42	豆類	えだまめ	1	1	2	10	42	130	227	249	181	58	2	5	908
3	きのこ類	えのきだけ	184	178	160	111	92	89	98	101	118	157	148	144	1,580
6	根菜類	かぶ	140	147	118	129	171	159	83	87	68	104	171	150	1,527
31	果菜類	かぼちゃ	225	264	351	275	339	360	316	427	460	426	365	224	4,032
26	洋菜類	カリフラワー	24	29	23	16	31	24	20	15	15	24	36	52	309
43	土物類	かんしょ	421	432	383	314	182	168	200	235	364	413	370	462	3,944
16	葉茎菜類	キャベツ	1,459	1,830	2,305	2,002	1,691	1,892	1,850	2,077	1,967	2,097	1,852	1,613	22,635
	果菜類	きゅう…		53.	.68		1,035			1,374		7.	.621		9,..
27	洋菜類	ブロッコリー	213	327	343	254	297	200	211	168	123	211	356	388	3,091
17	葉茎菜類	ほうれんそう	201	221	208	164	172	130	107	72	119	165	153	210	1,922
12	葉茎菜類	みずな	92	98	103	102	89	72	75	71	78	70	78	79	1,007
21	葉茎菜類	みつば	36	31	36	36	32	27	30	27	27	33	34	51	400
34	果菜類	ミニトマト	199	158	193	238	303	262	214	256	178	221	214	247	2,683
46	土物類	やまのいも	93	125	131	112	108	157	159	148	142	129	125	147	1,576
28	洋菜類	レタス	852	781	793	691	787	1,150	1,189	1,223	1,115	875	638	860	10,954
10	根菜類	れんこん	107	117	108	76	49	33	36	77	158	156	175	195	1,287
40	豆類	実えんどう	3	5	7	10	14	5	0	-	-	0	2	3	49

▶「合計」のフォントが赤色のレコードが表の上部に来るように並べ替え

野菜の月別卸売数量（豊洲市場）　単位：トン

No.	分類	品名	1月	2月	3月	4月	5月	6月	7月	8月	9月	10月	11月	12月	合計
14	葉茎菜類	その他の菜類	11	14	20	15	10	5	5	2	2	4	6	5	99
40	豆類	実えんどう	3	5	7	10	14	5	0	-	-	0	2	3	49
1	きのこ類	生しいたけ	69	57	61	51	50	51	48	45	52	83	93	79	739
2	きのこ類	なめこ	45	40	53	48	48	50	50	52	43	50	57	70	606
3	きのこ類	えのきだけ	184	178	160	111	92	89	98	101	118	157	148	144	1,580
4	きのこ類	しめじ	110	112	123	108	91	94	93	92	119	137	135	117	1,331
5	根菜類	だいこん	1,094	1,014	956	699	575	481	674	583	681	673	762	1,021	9,213
6	根菜類	かぶ	140	147	118	129	171	159	83	87	68	104	171	150	1,527
7	根菜類	にんじん	1,013	838	1,373	1,914	1,591	949	993	1,326	1,095	1,290	899	1,139	14,420
8	根菜類	ごぼう	50	53	48	59	74	53	44	28	44	54	94	122	723
9	根菜類	たけのこ	23	42	152	238	39	3	1	2	1	3	2	16	522
10	根菜類	れんこん	107	117	108	76	49	33	36	77	158	156	175	195	1,287
11	葉茎菜類	はくさい	1,630	1,394	619	476	373	519	618	609	795	1,405	1,492	1,572	11,502
12	葉茎菜類	みずな	92	98	103	102	89	72	75	71	78	70	78	79	1,007
13	葉茎菜類	こまつな	125	129	154	144	156	126	138	127	153	155	128	134	1,669
14	葉茎菜類	ちんげんさい	34	38	53	53	54	46	46	43	43	46	46	42	544
16	葉茎菜類	キャベツ	1,459	1,830	2,305	2,002	1,691	1,892	1,850	2,077	1,967	2,097	1,852	1,613	22,635
17	葉茎菜類	ほうれんそう	201	221	208	164	172	130	107	72	119	165	153	210	1,922
18	葉茎菜類	ねぎ	976	737	721	633	697	747	718	796	906	970	943	1,111	9,955
19	葉茎菜類	ふき	8	6	21	49	30	4	0	-	-	4	11	8	141
20	葉茎菜類	うど	23	40	45	36	20	5	4	3	2	3	2	9	192
21	葉茎菜類	みつば	36	31	36	36	32	27	30	27	27	33	34	51	400
22	葉茎菜類	しゅんぎく	32	31	21	11	12	8	8	6	8	17	26	33	213
23	葉茎菜類	にら	57	69	88	85	94	79	71	67	64	82	72	65	904
24	洋菜類	セルリー	94	81	86	88	95	80	100	84	70	73	78	78	1,007
25	洋菜類	アスパラガス	26	68	100	106	128	86	121	114	94	83	52	37	1,015
26	洋菜類	カリフラワー	24	29	23	16	31	24	20	15	15	24	36	52	309
27	洋菜類	ブロッコリー	213	327	343	254	297	200	211	168	123	211	356	388	3,091
28	洋菜類	レタス	852	781	793	691	787	1,150	1,189	1,223	1,115	875	638	860	10,954
29	洋菜類	パセリ	14	10	12	15	15	11	12	11	8	8	9	15	140
30	果菜類	きゅうり	617	531	658	863	1,035	834	853	1,374	1,161	797	521	424	9,668
31	果菜類	かぼちゃ	225	264	351	275	339	360	316	427	460	426	365	224	4,032
32	果菜類	なす	370	355	547	680	800	776	557	638	502	550	376	303	6,454
33	果菜類	トマト	720	616	732	840	1,132	926	796	1,383	771	718	479	653	9,766
34	果菜類	ミニトマト	199	158	193	238	303	262	214	256	178	221	214	247	2,683
35	果菜類	ピーマン	193	209	235	313	334	256	235	320	299	307	299	231	3,231
36	果菜類	ししとうがらし	14	13	16	18	18	30	47	40	28	29	20	15	288
37	果菜類	スイートコーン	1	1	0	2	34	394	447	327	42	1	0	0	1,249
38	豆類	さやいんげん	32	30	29	20	28	31	37	24	27	22	21	24	325
39	豆類	さやえんどう	24	24	27	29	24	15	9	5	5	10	18	19	195
41	豆類	そらまめ	15	34	112	78	114	76	5	-	-	0	0	13	447
42	豆類	えだまめ	1	1	2	10	42	130	227	249	181	58	2	5	908
43	土物類	かんしょ	421	432	383	314	182	168	200	235	364	413	370	462	3,944
44	土物類	ばれいしょ	572	654	649	578	584	603	370	612	743	735	763	822	7,685
45	土物類	さといも	94	76	69	71	63	49	24	57	100	167	199	290	1,259
46	土物類	やまのいも	93	125	131	112	108	157	159	148	142	129	125	147	1,576
47	土物類	たまねぎ	1,009	561	755	1,858	2,143	1,365	1,066	953	761	961	755	1,038	13,225
48	土物類	にんにく	40	50	46	52	57	39	32	43	42	36	44	45	526
49	土物類	しょうが	46	43	59	79	107	134	138	106	69	49	44	48	922
50	その他の野菜	その他の野菜	603	625	696	657	779	848	784	805	634	589	552	599	8,171
51	その他の輸入野菜	その他の輸入野菜	98	108	130	128	127	101	118	136	112	109	103	133	1,403

基礎

第1章
第2章
第3章
第4章
第5章
第6章
第7章
第8章
第9章

応用

第1章
第2章
第3章
第4章
第5章
第6章
第7章
第8章
第9章

まとめ

▶「分類」が「きのこ類」または「豆類」のレコードを抽出

▶「合計」のセルが灰色のレコードを抽出

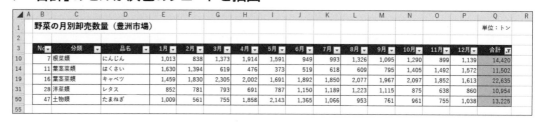

▶「品名」に「いも」を含むレコードを抽出

基礎 P.224

① フラッシュフィルを使って、セル範囲【D4:D54】に次のような入力パターンの「品名」を入力しましょう。

●セル【D4】

生しいたけ
「野菜の品目」の「_」の右側

基礎 P.224

② フラッシュフィルを使って、セル範囲【E4:E54】に次のような入力パターンの「分類名」を入力しましょう。

●セル【E4】

きのこ類
「野菜の品目」の「_」の左側

基礎 P.101 ③ C列を削除しましょう。

基礎 P.49 ④ D列をC列の前に移動しましょう。

HINT 列を移動するには、移動元の列番号を右クリック→《切り取り》→移動先の列番号を右クリック→《切り取ったセルの挿入》を使います。

基礎 P.203 ⑤ 「1月」の数量が多い順に並べ替えましょう。

基礎 P.205 ⑥ 「品名」を五十音順に並べ替えましょう。

基礎 P.203 ⑦ 「No.」の昇順に並べ替えましょう。

基礎 P.203,208 ⑧ 「合計」のフォントが赤色のレコードが表の上部に来るように並べ替えましょう。並べ替えたあと、「No.」の昇順に並べ替えましょう。

基礎 P.209 ⑨ 「分類」が「きのこ類」または「豆類」のレコードを抽出しましょう。

基礎 P.211 ⑩ フィルターの条件をクリアしましょう。

基礎 P.211,215 ⑪ 「合計」が「8,000」以上のレコードを抽出しましょう。抽出したあと、フィルターの条件をクリアしましょう。

基礎 P.211,212 ⑫ 「合計」のセルが灰色のレコードを抽出しましょう。抽出したあと、フィルターの条件をクリアしましょう。

基礎 P.211,213 ⑬ 「品名」に「いも」を含むレコードを抽出しましょう。抽出したあと、フィルターの条件をクリアしましょう。

基礎 P.217 ⑭ フィルターモードを解除しましょう。

※ブックに「Lesson15完成」と名前を付けて、フォルダー「学習ファイル」に保存し、閉じておきましょう。

基礎

第1章
第2章
第3章
第4章
第5章
第6章
第7章
第8章
第9章

応用

第1章
第2章
第3章
第4章
第5章
第6章
第7章
第8章
第9章

まとめ

Lesson 16

データベースの利用

標準解答 ▶

OPEN

E Lesson16

あなたは、米の卸売店に勤務しており、出荷状況について分析することになりました。
次のように、データベースを操作しましょう。

▶「担当者」の五十音順で、「商品番号」の昇順に並べ替え

白米売上管理表（1月～3月）

No.	日付	担当者	商品番号	商品名	産地	納入先	単価（円）	販売数	売上金額（円）
79	3月16日	青山	01-001	宮城の宝石	宮城	ヤマギワスーパー	2,550	2	5,100
33	2月15日	青山	03-001	雪白丸	新潟	ヤマギワスーパー	3,300	10	33,000
45	2月20日	青山	03-001	雪白丸	新潟	ヤマギワスーパー	3,300	3	9,900
67	3月6日	青山	03-001	雪白丸	新潟	ヤマギワスーパー	3,300	2	6,600
32	2月15日	青山	04-008	艶子	秋田	ヤマギワスーパー	2,500	10	25,000
51	2月24日	青山	04-008	艶子	秋田	ヤマギワスーパー	2,500	7	17,500
57	3月1日	青山	04-008	艶子	秋田	ヤマギワスーパー	2,500	5	12,500
44	2月20日	青山	05-001	晴天の稲穂	新潟	ヤマギワスーパー	3,400	9	30,600
63	3月3日	青山	05-001	晴天の稲穂	新潟	ヤマギワスーパー	3,400	4	13,600
1	1月4日	青山	05-006	あきの光	秋田	ヤマギワスーパー	3,100	12	37,200
19	1月31日	青山	05-006	あきの光	秋田	ヤマギワスーパー	3,100	5	15,500
34	2月15日	青山	05-006	あきの光	秋田	ヤマギワスーパー	3,100	12	37,200
56	3月1日	青山	05-006	あきの光	秋田	ヤマギワスーパー	3,100	12	37,200
64	3月3日	青山	05-006	あきの光	秋田	ヤマギワスーパー	3,100	5	15,500
90	3月22日	青山	05-006	あきの光	秋田	ヤマギワスーパー	3,100	20	62,000
100	3月29日	青山	05-007	霜伊吹	北海道	ヤマギワスーパー	2,800	5	14,000
2	1月4日	朝倉	01-001	宮城の宝石	宮城	桜田商事	2,550	5	12,750
40	2月17日	清水	01-001	宮城の宝石	宮城	アスダウェルネス	2,550	12	30,600
54	2月27日	清水	01-001	宮城の宝石	宮城	アスダウェルネス	2,550	2	5,100
73	3月10日	清水	04-008	艶子	秋田	アスダウェルネス	2,500	3	7,500
78	3月15日	清水	04-008	艶子	秋田	アスダウェルネス	2,500	3	7,500
102	3月30日	清水	04-008	艶子	秋田	アスダウェルネス	2,500	6	15,000
6	1月5日	山田	01-001	宮城の宝石	宮城	いなだカフェ	2,550	16	40,800
10	1月12日	山田	01-001	宮城の宝石	宮城	いなだカフェ	2,550	12	30,600
13	1月19日	山田	01-001	宮城の宝石	宮城	いなだカフェ	2,550	5	12,750
62	3月2日	山田	01-001	宮城の宝石	宮城	いなだカフェ	2,550	4	10,200
86	3月20日	山田	01-001	宮城の宝石	宮城	いなだカフェ	2,550	3	7,650
104	3月30日	山田	01-001	宮城の宝石	宮城	いなだカフェ	2,550	5	12,750

▶「販売数」のセルが緑色のレコードが表の上部に来るように並べ替え

白米売上管理表（1月～3月）

No.	日付	担当者	商品番号	商品名	産地	納入先	単価（円）	販売数	売上金額（円）
5	1月4日	佐藤	05-007	霜伊吹	北海道	三田情報学校	2,800	15	42,000
6	1月5日	山田	01-001	宮城の宝石	宮城	いなだカフェ	2,550	16	40,800
8	1月9日	佐藤	05-001	晴天の稲穂	新潟	三田情報学校	3,400	20	68,000
42	2月20日	佐々木	05-001	晴天の稲穂	新潟	佐藤商店	3,400	15	51,000
58	3月1日	佐々木	04-008	艶子	秋田	佐藤商店	2,500	15	37,500
65	3月6日	石井	04-008	艶子	秋田	スノーボール	2,500	15	37,500
66	3月6日	佐藤	04-008	艶子	秋田	三田情報学校	2,500	20	50,000
70	3月10日	石井	02-005	シルバークイーン	千葉	スノーボール	3,000	20	60,000
90	3月22日	青山	05-006	あきの光	秋田	ヤマギワスーパー	3,100	20	62,000
91	3月23日	朝倉	01-001	宮城の宝石	宮城	桜田商事	2,550	15	38,250
1	1月4日	青山	05-006	あきの光	秋田	ヤマギワスーパー	3,100	12	37,200
2	1月4日	朝倉	01-001	宮城の宝石	宮城	桜田商事	2,550	5	12,750
3	1月4日	石井	02-005	シルバークイーン	千葉	スノーボール	3,000	3	9,000
4	1月4日	清水	01-001	宮城の宝石	宮城	アスダウェルネス	2,550	12	30,600
7	1月6日	佐々木	03-001	雪白丸	新潟	佐藤商店	3,300	3	9,900
9	1月10日	佐藤	03-001	雪白丸	新潟	三田情報学校	3,300	10	33,000
10	1月12日	山田	01-001	宮城の宝石	宮城	いなだカフェ	2,550	12	30,600
94	3月24日	佐藤	04-008	艶子	秋田	三田情報学校	2,500	5	12,500
95	3月27日	佐藤	05-001	晴天の稲穂	新潟	三田情報学校	3,400	5	17,000
96	2月28日	佐藤	02-005	シルバークイーン	千葉	三田情報学校	3,000	9	27,000
97	2月28日	佐藤	04-008	艶子	秋田	三田情報学校	2,500	10	25,000
98	2月28日	佐々木	04-008	艶子	秋田	佐藤商店	2,500	7	17,500
99	2月28日	佐々木	03-001	雪白丸	新潟	佐藤商店	3,300	7	23,100
100	3月29日	青山	05-007	霜伊吹	北海道	ヤマギワスーパー	2,800	5	14,000
101	3月29日	佐藤	05-001	晴天の稲穂	新潟	三田情報学校	3,400	5	17,000
102	3月30日	清水	04-008	艶子	秋田	アスダウェルネス	2,500	6	15,000
103	3月30日	佐々木	02-005	シルバークイーン	千葉	佐藤商店	3,000	4	12,000
104	3月30日	山田	01-001	宮城の宝石	宮城	いなだカフェ	2,550	5	12,750

▶「日付」が「2月15日」から「2月25日」までのレコードを抽出、
　さらに「担当者」が「佐々木」のレコードに絞り込み

	A	B	C	D	E	F	G	H	I	J	K	L
1		白米売上管理表（1月～3月）										
2												
3		No▼	日付▼	担当者▼	商品番号▼	商品名 ▼	産地 ▼	納入先 ▼	単価（円）▼	販売数▼	売上金額（円）▼	
40		37	2月17日	佐々木	05-001	晴天の稲穂	新潟	佐藤商店	3,400	12	40,800	
41		38	2月17日	佐々木	03-001	雪白丸	新潟	佐藤商店	3,300	5	16,500	
44		41	2月20日	佐々木	02-005	シルバークイーン	千葉	佐藤商店	3,000	7	21,000	
45		42	2月20日	佐々木	05-001	晴天の稲穂	新潟	佐藤商店	3,400	15	51,000	
46		43	2月20日	佐々木	01-001	宮城の宝石	宮城	佐藤商店	2,550	5	12,750	
52		49	2月23日	佐々木	05-001	晴天の稲穂	新潟	佐藤商店	3,400	3	10,200	
53		50	2月23日	佐々木	05-006	あきの光	秋田	佐藤商店	3,100	10	31,000	
108												

▶「販売数」が5未満のレコードを抽出

	A	B	C	D	E	F	G	H	I	J	K	L
1		白米売上管理表（1月～3月）										
2												
3		No▼	日付▼	担当者▼	商品番号▼	商品名 ▼	産地 ▼	納入先 ▼	単価（円）▼	販売数▼	売上金額（円）▼	
6		3	1月4日	石井	02-005	シルバークイーン	千葉	スノーボール	3,000	3	9,000	
10		7	1月6日	佐々木	03-001	雪白丸	新潟	佐藤商店	3,300	3	9,900	
48		45	2月20日	青山	03-001	雪白丸	新潟	ヤマギワスーパー	3,300	3	9,900	
50		47	2月22日	佐藤	01-001	宮城の宝石	宮城	三田情報学校	2,550	2	5,100	
52		49	2月23日	佐々木	05-001	晴天の稲穂	新潟	佐藤商店	3,400	3	10,200	
57		54	2月27日	清水	01-001	宮城の宝石	宮城	アスダウェルネス	2,550	2	5,100	
62		59	3月1日	佐々木	03-001	雪白丸	新潟	佐藤商店	3,300	3	9,900	
63		60	3月1日	佐藤	05-001	晴天の稲穂	新潟	三田情報学校	3,400	3	10,200	
65		62	3月2日	山田	01-001	宮城の宝石	宮城	いなだカフェ	2,550	4	10,200	
66		63	3月3日	青山	05-001	晴天の稲穂	新潟	ヤマギワスーパー	3,400	4	13,600	
70		67	3月6日	青山	03-001	雪白丸	新潟	ヤマギワスーパー	3,300	2	6,600	
76		73	3月10日	清水	04-008	艶子	秋田	アスダウェルネス	2,500	3	7,500	
78		75	3月14日	佐々木	05-001	晴天の稲穂	新潟	佐藤商店	3,400	4	13,600	
79		76	3月14日	石井	02-005	シルバークイーン	千葉	スノーボール	3,000	4	12,000	
80		77	3月14日	佐藤	01-001	宮城の宝石	宮城	三田情報学校	2,550	3	7,650	
81		78	3月15日	清水	04-008	艶子	秋田	アスダウェルネス	2,500	3	7,500	
82		79	3月16日	青山	01-001	宮城の宝石	宮城	ヤマギワスーパー	2,550	2	5,100	
89		86	3月20日	山田	01-001	宮城の宝石	宮城	いなだカフェ	2,550	3	7,650	
91		88	3月21日	石井	02-005	シルバークイーン	千葉	スノーボール	3,000	2	6,000	
106		103	3月30日	佐々木	02-005	シルバークイーン	千葉	佐藤商店	3,000	4	12,000	
108												

▶「売上金額（円）」が高いレコードの上位5件を抽出

	A	B	C	D	E	F	G	H	I	J	K	L
1		白米売上管理表（1月～3月）										
2												
3		No▼	日付▼	担当者▼	商品番号▼	商品名 ▼	産地 ▼	納入先 ▼	単価（円）▼	販売数▼	売上金額（円）▼	
11		8	1月9日	佐藤	05-001	晴天の稲穂	新潟	三田情報学校	3,400	20	68,000	
45		42	2月20日	佐々木	05-001	晴天の稲穂	新潟	佐藤商店	3,400	15	51,000	
69		66	3月6日	佐藤	04-008	艶子	秋田	三田情報学校	2,500	20	50,000	
73		70	3月10日	石井	02-005	シルバークイーン	千葉	スノーボール	3,000	20	60,000	
93		90	3月22日	青山	05-006	あきの光	秋田	ヤマギワスーパー	3,100	20	62,000	
108												

▶書式をコピーし、レコードを追加

	A	B	C	D	E	F	G	H	I	J	K	L
1		白米売上管理表（1月～3月）										
2												
3		No.	日付	担当者	商品番号	商品名	産地	納入先	単価（円）	販売数	売上金額（円）	
102		99	2月28日	佐々木	03-001	雪白丸	新潟	佐藤商店	3,300	7	23,100	
103		100	3月29日	青山	05-007	霜伊吹	北海道	ヤマギワスーパー	2,800	5	14,000	
104		101	3月29日	佐藤	05-001	晴天の稲穂	新潟	三田情報学校	3,400	5	17,000	
105		102	3月30日	清水	04-008	艶子	秋田	アスダウェルネス	2,500	6	15,000	
106		103	3月30日	佐々木	02-005	シルバークイーン	千葉	佐藤商店	3,000	4	12,000	
107		104	3月30日	山田	01-001	宮城の宝石	宮城	いなだカフェ	2,550	5	12,750	
108		105	3月31日	青山	03-001	雪白丸	新潟	スノーボール	3,300	20	66,000	
109												

基礎
第1章
第2章
第3章
第4章
第5章
第6章
第7章
第8章
第9章
応用
第1章
第2章
第3章
第4章
第5章
第6章
第7章
第8章
第9章
まとめ

基礎 P.203,206 ① 「担当者」を五十音順に並べ替え、「担当者」が同じ場合は「商品番号」の昇順に並べ替えましょう。並べ替えたあと、「No.」の昇順に並べ替えましょう。

基礎 P.203,208 ② 「販売数」のセルが緑色のレコードが表の上部に来るように並べ替えましょう。並べ替えたあと、「No.」の昇順に並べ替えましょう。

基礎 P.216 ③ 「日付」が「2023/2/15」から「2023/2/25」までのレコードを抽出しましょう。

基礎 P.210,211 ④ ③の抽出結果を、さらに「担当者」が「佐々木」のレコードに絞り込みましょう。抽出したあと、フィルターの条件をクリアしましょう。

基礎 P.211,215 ⑤ 「販売数」が5未満のレコードを抽出しましょう。抽出したあと、フィルターの条件をクリアしましょう。

基礎 P.215,217 ⑥ 「売上金額（円）」が高いレコードの上位5件を抽出しましょう。抽出したあと、フィルターモードを解除しましょう。

基礎 P.218 ⑦ 1行目から3行目までの見出しを固定しましょう。

基礎 P.220 ⑧ 表の最終行の書式を下の行にコピーし、次のようにデータを入力しましょう。

> セル【B108】：105
> セル【C108】：2023年3月31日
> セル【E108】：03-001

基礎 P.222 ⑨ ドロップダウンリストから選択して、セル【D108】に「青山」、セル【F108】に「雪白丸」と入力しましょう。

基礎 P.221 ⑩ オートコンプリートを使って、セル【G108】に「新潟」、セル【H108】に「スノーボール」と入力しましょう。

基礎 P.223 ⑪ 次のようにデータを入力し、「売上金額」の数式が自動的に入力されることを確認しましょう。

> セル【I108】：3300
> セル【J108】：20

基礎 P.218 ⑫ 見出しの固定を解除しましょう。

※ブックに「Lesson16完成」と名前を付けて、フォルダー「学習ファイル」に保存し、閉じておきましょう。

基礎
第1章
第2章
第3章
第4章
第5章
第6章
第7章
第8章
第9章
応用
第1章
第2章
第3章
第4章
第5章
第6章
第7章
第8章
第9章
まとめ

OPEN
E Lesson17

あなたは、ドラッグストアの総務部に勤務しており、このたび社員向けに販売する商品をまとめることになりました。
完成図のような表を作成しましょう。

● 完成図

商品番号	商品名	肌タイプ	容量	一般価格（円）	従業員価格（円）
MI1001	マイルドウォッシュ	普通肌・乾燥肌	130g	3,200	2,880
MI1002	マイルドローション	普通肌・乾燥肌	180ml	3,400	3,060
MI1003	マイルドモイスチャー	普通肌・乾燥肌	45g	4,300	3,870
MI1004	マイルドクリーム	普通肌・乾燥肌	30g	4,500	4,050
WH1001	ホワイトウォッシュ	脂性肌・普通肌・乾燥肌	130g	2,600	2,340
WH1002	ホワイトローション	脂性肌・普通肌・乾燥肌	180ml	2,800	2,520
WH1003	ホワイトモイスチャー	脂性肌・普通肌・乾燥肌	45g	3,000	2,700
WH1004	ホワイトエッセンス	脂性肌・普通肌・乾燥肌	25ml	3,800	3,420
WH1005	ホワイトジェル	脂性肌・普通肌・乾燥肌	30g	4,200	3,780
CL1001	クリアウォッシュ	脂性肌・普通肌	130g	2,300	2,070
CL1002	クリアローション	脂性肌・普通肌	180ml	2,500	2,250
CL1003	クリアモイスチャー	脂性肌・普通肌	45g	2,700	2,430
CL1004	クリアエッセンス	脂性肌・普通肌	20g	2,200	1,980
CL1005	クリアボディウォッシュ	脂性肌・普通肌	215ml	2,300	2,070
CL1006	クリアボディローション	脂性肌・普通肌	260ml	2,000	1,800

Natural Skincare

従業員の皆様は10%引きの価格で購入できます。
ご希望の方は、販売促進課）岡本までメールでご連絡ください。

● PDFファイル「商品一覧」

Natural Skincare

従業員の皆様は10%引きの価格で購入できます。
ご希望の方は、販売促進課）岡本までメールでご連絡ください。

商品番号	商品名	肌タイプ	容量	一般価格（円）	従業員価格（円）
MI1001	マイルドウォッシュ	普通肌・乾燥肌	130g	3,200	2,880
MI1002	マイルドローション	普通肌・乾燥肌	180ml	3,400	3,060
MI1003	マイルドモイスチャー	普通肌・乾燥肌	45g	4,300	3,870
MI1004	マイルドクリーム	普通肌・乾燥肌	30g	4,500	4,050
WH1001	ホワイトウォッシュ	脂性肌・普通肌・乾燥肌	130g	2,600	2,340
WH1002	ホワイトローション	脂性肌・普通肌・乾燥肌	180ml	2,800	2,520
WH1003	ホワイトモイスチャー	脂性肌・普通肌・乾燥肌	45g	3,000	2,700
WH1004	ホワイトエッセンス	脂性肌・普通肌・乾燥肌	25ml	3,800	3,420
WH1005	ホワイトジェル	脂性肌・普通肌・乾燥肌	30g	4,200	3,780
CL1001	クリアウォッシュ	脂性肌・普通肌	130g	2,300	2,070
CL1002	クリアローション	脂性肌・普通肌	180ml	2,500	2,250
CL1003	クリアモイスチャー	脂性肌・普通肌	45g	2,700	2,430
CL1004	クリアエッセンス	脂性肌・普通肌	20g	2,200	1,980
CL1005	クリアボディウォッシュ	脂性肌・普通肌	215ml	2,300	2,070
CL1006	クリアボディローション	脂性肌・普通肌	260ml	2,000	1,800

基礎 P.229　①　文字列「モイスチャー」を検索しましょう。

基礎 P.231　②　文字列「グラム」をすべて「g」に置換しましょう。

基礎 P.231　③　文字列「美容液」を「ローション」に置換しましょう。

基礎 P.232　④　斜体が設定されているセルの文字列を、太字に置換しましょう。

基礎 P.231,235　⑤　置換を使って、セル範囲【E8：E22】の文字列「円」をすべて削除しましょう。

　HINT　●セル範囲を選択しておくと、そのセル範囲内の文字列だけを対象に置換できます。
　　　　　●文字列を削除するには、《置換後の文字列》を空欄にします。
　　　　　　直前に指定した書式の内容が残っている場合は、《書式》の　→《書式検索のクリア》または《書式置換のクリア》を使って書式を削除します。

基礎 P.232　⑥　表に設定されている薄い黄色の塗りつぶしを、任意の薄い緑色の塗りつぶしに置換しましょう。

基礎 P.238　⑦　シート「商品一覧」のセル【F8】に「従業員価格（円）」を求める数式を入力しましょう。数式はスピルを使って、セル範囲【F9：F22】に結果が表示されるようにします。「割引率」は10％とします。

基礎 P.236　⑧　シート「商品一覧」をPDFファイルとして「商品一覧」と名前を付けて、フォルダー「学習ファイル」に保存し、PDFファイルを表示しましょう。
　　　　　※PDFファイルを閉じておきましょう。

　　　　　※ブックに「Lesson17完成」と名前を付けて、フォルダー「学習ファイル」に保存し、閉じておきましょう。

Advanced | Microsoft® **Excel® 2021**

応用

OPEN

📄 Lesson18

あなたは、飲料メーカーの営業部門に所属しており、請求書を作成することになりました。完成図のような表を作成しましょう。

●完成図

基礎

第1章

第2章

第3章

第4章

第5章

第6章

第7章

第8章

第9章

応用

第1章

第2章

第3章

第4章

第5章

第6章

第7章

第8章

第9章

まとめ

応用 P.35 ① セル【H2】に、本日の日付を表示する数式を入力しましょう。

応用 P.38 ② セル【D20】に、セル【C20】の「商品コード」に対応する「商品名」を表示する数式を入力しましょう。J列からN列にある「●商品一覧」の表を参照します。

応用 P.38 ③ セル【E20】に、セル【C20】の「商品コード」に対応する「税率区分」を表示する数式を入力しましょう。J列からN列にある「●商品一覧」の表を参照します。
※「●商品一覧」の税率区分(N列)の軽減税率対象の商品には「※」、対象外の商品には全角空白が入力されています。

応用 P.38 ④ セル【F20】に、セル【C20】の「商品コード」に対応する「単価」を表示する数式を入力しましょう。J列からN列にある「●商品一覧」の表を参照します。

応用 P.41 ⑤ セル範囲【D20:F20】の数式を、「商品コード」が入力されていない場合でもエラーが表示されないように編集しましょう。
次に、編集した数式をセル範囲【D21:F25】にコピーしましょう。

基礎 P.40,41 ⑥ 次のようにデータを入力しましょう。

セル【B20】：4/1	セル【C20】：D001	セル【G20】：10
セル【B21】：4/1	セル【C21】：D003	セル【G21】：5
セル【B22】：4/1	セル【C22】：S002	セル【G22】：5

応用 P.21 ⑦ セル【H20】に、「金額」を求める数式を入力しましょう。「商品コード」が入力されていない場合は、何も表示されないようにします。
次に、入力した数式をセル範囲【H21:H25】にコピーしましょう。
※セル【H20】には3桁区切りカンマが設定されています。

応用 P.32 ⑧ セル【H26】に、軽減税率対象の商品の金額合計を求める数式を入力しましょう。
※軽減税率対象の商品は、セル範囲【E20:E25】に「※」が表示されています。

HINT 条件に一致するセルの合計を求めるには、SUMIF関数を使います。

基礎 P.46 ⑨ セル【H27】に、セル【H26】の消費税額を求める数式を入力しましょう。税率は、セル【F26】を参照します。

応用 P.32 ⑩ セル【H28】に、軽減税率対象以外の商品の金額合計を求める数式を入力しましょう。
※軽減税率対象以外の商品は、セル範囲【E20:E25】に全角空白が表示されています。

基礎 P.46 ⑪ セル【H29】に、セル【H28】の消費税額を求める数式を入力しましょう。税率は、セル【F28】を参照します。

※ブックに「Lesson18完成」と名前を付けて、フォルダー「学習ファイル」に保存し、閉じておきましょう。

Lesson 19

第1章

関数の利用

標準解答 ▶

OPEN

E Lesson19

あなたは、人事部門に所属しており、社員の売上実績と評価をまとめた表を作成することになりました。
完成図のような表を作成しましょう。

●完成図

A	B	C	D	E	F	G	H	I	J	K	L	M	N
1									2023/4/1				
2	売上実績表												
3						単位：千円					評価		
4	氏名	入社年月日	勤続年数	上期	下期	売上合計	順位	上期評価	総合評価		上期評価	人数	
5	飯田　高志	1991/4/1	32	1,020	1,223	2,243	6	A	A		A	11	
6	松本　直樹	1993/4/1	30	1,415	841	2,256	5	A	A		B	19	
7	飯塚　彩	1994/4/1	29	1,010	879	1,889	13	A	B				
8	安田　裕司	1995/4/1	28	1,384	1,510	2,894	1	A	A		総合評価	人数	
9	安藤　龍	1997/4/1	26	982	651	1,633	17	B	B		A	10	
10	桑田　美穂	1999/4/1	24	812	545	1,357	19	B	C		B	7	
11	今村　春香	2000/4/1	23	179	780	959	24	B	C		C	13	
12	鈴木　光太	2002/4/1	21	802	841	1,643	16	B	B				
13	福田　京子	2003/4/1	20	1,250	1,024	2,274	4	A	A				
14	大谷　祥子	2003/10/1	19	811	451	1,262	21	B	C				
15	清水　弘明	2004/4/1	19	743	368	1,111	22	B	C				
16	伊藤　夏樹	2004/10/1	18	855	541	1,396	18	B	C				
17	前田　周子	2005/4/1	18	1,005	874	1,879	14	A	B				
18	小泉　真澄	2005/4/1	18	1,423	689	2,112	10	A	A				
19	林　正志	2006/4/1	17	1,360	1,150	2,510	2	A	A				
20	斎藤　祐希	2007/4/1	16	502	820	1,322	20	B	C				
21	大塚　寿美	2007/10/1	15	854	954	1,808	15	B	B				
22	佐々田　優	2009/4/1	14	412	654	1,066	23	B	C				
23	田口　修哉	2010/4/1	13	1,160	985	2,145	9	A	A				
24	阿部　巧	2010/10/1	12	910	1,003	1,913	12	B	B				
25	滝本　裕也	2011/4/1	12	1,230	1,058	2,288	3	A	A				
26	中山　未来	2012/10/1	10	655	1,270	1,925	11	B	B				
27	篠原　圭介	2013/4/1	10	847	1,301	2,148	8	B	A				
28	佐藤　ゆかり	2013/10/1	9	1,022	1,220	2,242	7	A	A				
29	川上　謙信	2015/4/1	8	260	355	615	27	B	C				
30	青山　香	2015/4/1	8	324	245	569	28	B	C				
31	星野　由利	2016/4/1	7	136	541	677	26	B	C				
32	川口　沙織	2018/4/1	5	162	650	812	25	B	C				
33	結城　淳	2019/4/1	4	256	254	510	29	B	C				
34	渡辺　健斗	2020/4/1	3	260	155	415	30	B	C				
35													

基礎

第1章

第2章

第3章

第4章

第5章

第6章

第7章

第8章

第9章

応用

第1章

第2章

第3章

第4章

第5章

第6章

第7章

第8章

第9章

まとめ

応用 P.35　①　セル【J1】に、本日の日付を表示する数式を入力しましょう。

応用 P.36　②　セル【D5】に、「入社年月日」から本日の日付までの「勤続年数」を求める数式を入力しましょう。本日の日付は、①で入力したセル【J1】の数式を参照します。
次に、入力した数式をセル範囲【D6：D34】にコピーしましょう。
※本書では、本日の日付を「2023年4月1日」としています。

応用 P.17　③　セル【H5】に、「売上合計」が高い順に順位を求める数式を入力しましょう。
次に、入力した数式をセル範囲【H6：H34】にコピーしましょう。

応用 P.21　④　セル【I5】に、次の条件で文字列を表示する数式を入力しましょう。
次に、入力した数式をセル範囲【I6：I34】にコピーしましょう。

> 「上期」が100万円以上ならば「A」、そうでなければ「B」

（HINT）　表の数値は「単位：千円」として入力されているので、100万円は「1000」と指定します。

応用 P.25　⑤　セル【J5】に、次の条件で文字列を表示する数式を入力しましょう。
次に、入力した数式をセル範囲【J6：J34】にコピーしましょう。

> 「売上合計」が200万円以上ならば「A」、150万円以上ならば「B」、そうでなければ「C」

応用 P.28　⑥　セル【M5】に、「上期評価」が「A」の個数を求める数式を入力しましょう。
次に、入力した数式をセル【M6】にコピーしましょう。

応用 P.28　⑦　セル【M9】に、「総合評価」が「A」の個数を求める数式を入力しましょう。
次に、入力した数式をセル範囲【M10：M11】にコピーしましょう。

※ブックに「Lesson19完成」と名前を付けて、フォルダー「学習ファイル」に保存し、閉じておきましょう。

OPEN

E| Lesson20

あなたは、家電販売店に勤務しており、商品情報を検索できる表を作成することになりました。完成図のような表を作成しましょう。

●完成図

	A	B	C	D	E	F	G	H
1		●商品検索						
2		**商品名を入力**	ワイヤレスキーボード					
3								
4		●検索結果						
5		**商品コード**	**商品名**	**分類**	**通常価格**	**割引率**	**割引後価格**	
6		2020	ワイヤレスキーボード	キーボード	5,880	20%	4,700	
7								
8		●商品リスト						
9		**商品コード**	**商品名**	**分類**	**通常価格**	**割引率**	**割引後価格**	
10		1010	ワイヤレスマウス	マウス	2,100	10%	1,890	
11		1020	ワイヤレス静音マウス	マウス	2,900	10%	2,610	
12		1030	ワイヤレスマウス（5ボタン）	マウス	3,650	10%	3,280	
13		1040	マルチデバイス対応マウス	マウス	6,600	20%	5,280	
14		1050	有線マウス	マウス	1,280	10%	1,150	
15		1060	ゲーミングマウス	マウス	9,900	20%	7,920	
16		2010	有線キーボード	キーボード	2,980	10%	2,680	
17		2020	ワイヤレスキーボード	キーボード	5,880	20%	4,700	
18		2030	ワイヤレスミニキーボード	キーボード	6,880	20%	5,500	
19		2040	マルチデバイス対応キーボード	キーボード	7,850	20%	6,280	
20		2050	有線テンキー	キーボード	1,560	10%	1,400	
21		2060	ワイヤレステンキー	キーボード	2,850	10%	2,560	
22		2070	ゲーミングキーボード	キーボード	22,500	20%	18,000	
23		3010	ヘッドセット	ヘッドセット	5,600	20%	4,480	
24		3020	ノイズ低減ヘッドセット	ヘッドセット	7,230	20%	5,780	
25		3030	ヘッドセット（左右分離型）	ヘッドセット	5,980	20%	4,780	
26		3040	ヘッドセット（片耳型）	ヘッドセット	5,980	20%	4,780	
27		3050	ゲーミングヘッドセット	ヘッドセット	18,700	20%	14,960	
28		4010	ワイヤレスイヤホン	イヤホン	9,500	20%	7,600	
29		4020	軽量ワイヤレスイヤホン	イヤホン	12,700	20%	10,160	
30		4030	骨伝導式イヤホン	イヤホン	5,600	20%	4,480	
31		4040	ネックバンド式イヤホン	イヤホン	4,800	10%	4,320	
32								

基礎

第1章

第2章

第3章

第4章

第5章

第6章

第7章

第8章

第9章

応用

第1章

第2章

第3章

第4章

第5章

第6章

第7章

第8章

第9章

まとめ

応用 P.21,51 ① セル【F10】に、次のような条件で割引率を表示する数式を入力しましょう。数式はスピルを使って、セル範囲【F11:F31】に結果が表示されるようにします。

> 「通常価格」が5000円以上ならば20%、それ以外は10%

※セル範囲【F10:F31】にはパーセントスタイルが設定されています。

基礎 P.240 ② セル【G10】に、割引後価格を表示する数式を入力しましょう。数式はスピルを使って、セル範囲【G11:G31】に結果が表示されるようにします。
※セル範囲【G10:G31】には3桁区切りカンマが設定されています。

(HINT) 割引後価格は、「通常価格×（1−割引率）」で求めます。

応用 P.15 ③ セル【G10】の割引後価格の数式を、一の位以下を切り捨てて表示されるように編集しましょう。

応用 P.48 ④ セル【C2】に「商品名」を入力すると、セル【B6】を開始位置として、「商品名」「分類」「通常価格」「割引率」「割引後価格」を表示する数式を入力しましょう。一致する結果がない場合は、「該当なし」と表示するようにします。

基礎 P.38 ⑤ 次のデータを入力しましょう。

> セル【C2】：ワイヤレスキーボード

※セル【E6】とセル【G6】には3桁区切りカンマ、セル【F6】にはパーセントスタイルが設定されています。

※ブックに「Lesson20完成」と名前を付けて、フォルダー「学習ファイル」に保存し、閉じておきましょう。

OPEN

E Lesson21

あなたは、企画部門に所属しており、新商品開発の資料として、気象についてのデータをまとめた表を作成することになりました。
完成図のような表を作成しましょう。

●完成図

	気象データ							観測：2020年
			気温		湿度	日照時間	降水量	降水日数
		平均[度]	最高[度]	最低[度]	平均[%]	合計[時間]	合計[mm]	合計[日]
	北海道	10.0	28.1	-5.3	71	1,764	905	151
	青森県	11.6	29.5	-1.7	76	1,599	1,417	159
	岩手県	11.4	30.4	-3.3	**77**	1,564	1,462	131
	宮城県	13.7	30.9	0.5	74	1,797	1,247	99
	秋田県	12.8	30.3	-0.8	75	1,536	2,023	192
	山形県	13.0	32.7	-1.3	75	1,547	1,285	127
	福島県	14.1	33.6	0.3	72	1,684	1,225	108
	茨城県	15.0	32.2	0.2	74	2,059	1,422	122
	栃木県	15.0	33.6	0.2	73	1,967	1,354	105
	群馬県	15.8	35.1	1.7	66	2,155	1,316	96
	埼玉県	16.2	35.6	1.2	69	2,111	1,364	101
	千葉県	17.0	33.2	4.5	67	1,880	1,792	115
	東京都	16.5	34.1	3.7	71	1,890	1,590	108
	神奈川県	17.0	33.7	4.7	70	2,005	1,688	108
	新潟県	14.7	31.5	1.5	76	1,609	2,078	182
	富山県	15.4	33.9	1.6	**78**	1,665	2,136	186
	石川県	15.9	32.9	2.8	69	1,736	2,536	194
	福井県	15.6	34.0	2.2	**77**	1,695	2,532	181
	山梨県	15.9	35.8	0.2	68	2,250	1,431	89
	長野県	13.1	33.5	-2.1	76	1,949	1030	106
	岐阜県	17.0	35.9	2.8	65	2,173	2,089	110
	静岡県	17.8	33.4	4.6	71	2,245	2,614	108
	愛知県	17.0	35.9	3.1	68	2,216	1,711	112
	三重県	17.1	33.6	3.8	63	2,175	1,787	109
	滋賀県	15.8	34.2	2.4	76	1,906	1,863	135
	京都府	17.0	36.2	3.3	67	1,852	1,645	112
	大阪府	17.7	35.7	4.7	65	2,150	1,522	102
	兵庫県	17.6	34.0	5.1	66	2,186	1,615	98
	奈良県	16.3	35.8	2.3	71	1,882	1,629	105
	和歌山県	17.5	34.5	4.3	68	2,179	1,658	106
	鳥取県	15.9	35.0	2.3	76	1,727	2,096	156
	島根県	15.8	34.0	2.1	**77**	1,781	2,015	137
	岡山県	16.5	35.6	1.6	71	2,162	1,154	85
	広島県	17.1	34.5	3.6	61	2,167	2,027	99
	山口県	16.1	35.1	0.8	75	2,007	2,277	112
	徳島県	17.5	34.6	4.6	70	2,241	1,644	92
	香川県	17.4	35.5	3.1	69	2,174	1,109	87
	愛媛県	17.3	34.5	4.2	69	2,163	1,662	95
	高知県	17.8	34.0	3.9	71	2,310	3,239	115
	福岡県	17.9	34.5	5.2	69	2,041	2,213	107
	佐賀県	17.5	34.5	2.9	71	2,095	2,876	108
	長崎県	17.7	32.8	4.7	75	1,974	2,710	118
	熊本県	17.6	35.2	1.8	72	2,131	2,468	106
	大分県	17.4	34.2	3.4	71	2,166	1,860	105
	宮崎県	18.3	33.7	3.7	76	2,208	2,280	120
	鹿児島県	19.2	34.2	6.1	73	2,041	2,978	127
	沖縄県	23.8	32.2	16.1	**77**	1,737	2,481	129
								出典：気象庁

基礎

第1章

第2章

第3章

第4章

第5章

第6章

第7章

第8章

第9章

応用 P.70 ① 「気温」の「平均[度]」「最高[度]」「最低[度]」の数値が小数第1位まで表示され、負の数がマイナスの赤字で表示されるように、表示形式を設定しましょう。

> (HINT) 負の数がマイナスの赤字で表示されるように設定するには、《ホーム》タブ→《数値》グループの 🔲 (表示形式)を使います。

応用 P.61 ② 「気温」の「平均[度]」が16より大きいセルに、「濃い赤の文字、明るい赤の背景」の書式を設定しましょう。

応用 P.64 ③ ②で設定したルールを、「気温」の「平均[度]」が18以上のセルに変更しましょう。

応用 P.66 ④ 「湿度」の「平均[%]」の数値が大きいセル上位5位に、太字の書式を設定しましょう。

応用 P.62 ⑤ 「湿度」の「平均[%]」が70より小さいセルに、任意の紺色の文字、任意の水色の背景の書式を設定しましょう。

応用 P.69 ⑥ 「日照時間」の「合計[時間]」を「赤、白、緑」のカラースケールで表示しましょう。

応用 P.68 ⑦ 「降水量」の「合計[mm]」を5つの評価のアイコンセットで表示しましょう。

応用 P.69 ⑧ 「降水日数」の「合計[日]」を青のグラデーションのデータバーで表示しましょう。

応用 P.73 ⑨ セル【I1】が「観測：○年」と表示されるように、表示形式を設定しましょう。

※ブックに「Lesson21完成」と名前を付けて、フォルダー「学習ファイル」に保存し、閉じておきましょう。

応用

第1章

第2章

第3章

第4章

第5章

第6章

第7章

第8章

第9章

まとめ

OPEN

E Lesson22

あなたは、交通費精算書の表示形式を整え、入力を簡単に行えるように、修正することになりました。
完成図のような表を作成しましょう。

●完成図

	A	B	C	D	E	F	G	H	I	J	K	L
1					交通費精算書							
2												
3		所 属	大阪支店 営業部第1課				No.		00010			
4		役 職	チーフマネージャー				申請日	令和5年1月20日(金)				
5		氏 名	土屋 武									
6		社員番号	14095									
7											交通機関リスト	
8		日付	業務内容	交通機関	出発地	~	帰着地	金額	備考		交通機関	
9		1月15日	全社会議	新幹線	大阪	~	東京	14,720			新幹線	
10					交通機関の確認	~					JR在来線	
11					その他を選択した場合	~					私鉄	
12					、必ず備考に入力して	~					地下鉄	
13					ください。	~					バス	
14						~					飛行機	
15						~					その他	
16						~						
17						~						
18						~						
19												
20								精算金額	¥14,720			
21												

応用 **P.72** ① セル【I3】の「10」が「00010」と表示されるように、表示形式を設定しましょう。

応用 **P.74** ② セル【I4】の「2023/1/20」が「**令和5年1月20日（金）**」と表示されるように、表示形式を設定しましょう。

HINT 元号で表示するには、「gggge」と設定します。

応用 **P.76** ③ セルをクリックしたときに、日本語入力システムがオンになるように、セル範囲【C3：C5】【C9：C18】【E9：E18】【G9：G18】【I9：I18】に入力規則を設定しましょう。

応用 **P.78** ④ セル範囲【D9：D18】の「交通機関」のコードを入力する際、「**交通機関リスト**」のリストから選択できるように入力規則を設定しましょう。

基礎

第1章

第2章

第3章

第4章

第5章

第6章

第7章

第8章

第9章

応用

第1章

第2章

第3章

第4章

第5章

第6章

第7章

第8章

第9章

まとめ

応用 P.75 ⑤ セル範囲【D9:D18】の「交通機関」を入力する際、次のような入力時メッセージが表示されるように入力規則を設定しましょう。

> タイトル　　　　　：交通機関の確認
> 入力時メッセージ：その他を選択した場合、必ず備考に入力してください。

(HINT) 入力時メッセージを設定するには、《データ》タブ→《データツール》グループの ☒ (データの入力規則) →《入力時メッセージ》タブを使います。

応用 P.79 ⑥ セル範囲【H9:H18】の金額を入力する際、50,000より小さい整数しか入力できないように入力規則を設定しましょう。それ以外の値が入力された場合は、次のようにエラーメッセージを表示しましょう。

> スタイル　　　　　：注意
> タイトル　　　　　：金額の確認
> エラーメッセージ：50,000円を超える場合、別途、レポートを提出してください。

応用 P.82 ⑦ セル【B18】に、「10件以上申請する場合、別シートに入力してください。」というメモを挿入しましょう。

応用 P.83 ⑧ セル【H4】のメモを削除しましょう。

(HINT) メモを削除するには、メモが挿入されているセルを右クリックします。

応用 P.78 ⑨ 次のようにデータを入力しましょう。

> セル【B9】：2023/1/15
> セル【C9】：全社会議
> セル【D9】：リストから「新幹線」を選択
> セル【E9】：新大阪
> セル【G9】：東京
> セル【H9】：14720

※セル範囲【B9:B18】には日付の書式が設定されています。
※セル範囲【H9:H18】には3桁区切りカンマが設定されています。

※ブックに「Lesson22完成」と名前を付けて、フォルダー「学習ファイル」に保存し、閉じておきましょう。

Lesson23

第3章
グラフの活用

標準解答 ▶

OPEN

📄 Lesson23

あなたは、ごみ問題についてのレポートを作成するために、資料をまとめています。
完成図のような表とグラフを作成しましょう。

●完成図

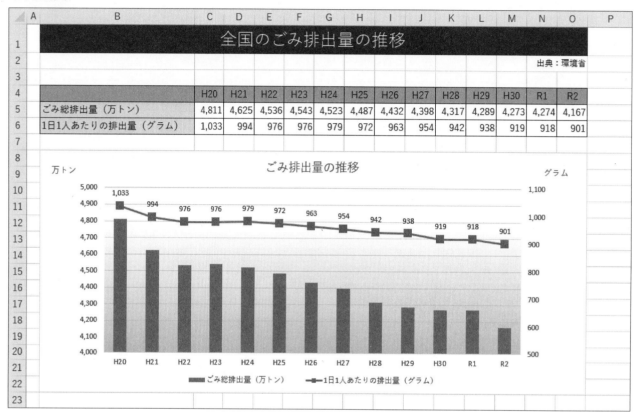

	H20	H21	H22	H23	H24	H25	H26	H27	H28	H29	H30	R1	R2
ごみ総排出量（万トン）	4,811	4,625	4,536	4,543	4,523	4,487	4,432	4,398	4,317	4,289	4,273	4,274	4,167
1日1人あたりの排出量（グラム）	1,033	994	976	976	979	972	963	954	942	938	919	918	901

全国のごみ排出量の推移

出典：環境省

基礎

第1章

第2章

第3章

第4章

第5章

第6章

第7章

第8章

第9章

応用

第1章

第2章

第3章

第4章

第5章

第6章

第7章

第8章

第9章

まとめ

応用 P.89,90 ① 表のデータをもとに、集合縦棒グラフと折れ線グラフの複合グラフを作成しましょう。
「ごみ総排出量（万トン）」は集合縦棒グラフで表示し、「1日1人あたりの排出量（グラム）」は第2軸を使ってマーカー付き折れ線グラフで表示します。

基礎 P.173-175 ② グラフタイトルに「ごみ排出量の推移」と入力しましょう。
次に、グラフをセル範囲【B8：O22】に配置しましょう。

応用 P.102 ③ 棒グラフの値軸の最小値を4000、最大値を5000、目盛間隔を100単位に変更しましょう。

応用 P.102 ④ 折れ線グラフの値軸の最小値を500、最大値を1100、目盛間隔を100単位に変更しましょう。

基礎 P.188,190 ⑤ 棒グラフの値軸に軸ラベルを表示し、軸ラベルを「万トン」に変更しましょう。
次に、軸ラベルが左に90度回転した状態になっているのを解除し、グラフの左上に移動しましょう。

基礎 P.188,190 ⑥ 折れ線グラフの値軸に軸ラベルを表示し、軸ラベルを「グラム」に変更しましょう。
次に、軸ラベルが左に90度回転した状態になっているのを解除し、グラフの右上に移動しましょう。

応用 P.98 ⑦ 折れ線グラフのデータ系列の線とマーカーを、次のように設定しましょう。

線の幅	：4pt
マーカーの種類	：■
マーカーのサイズ	：10

応用 P.109 ⑧ 折れ線グラフの上にデータラベルを表示しましょう。

基礎 P.177 ⑨ グラフの色を「カラフルなパレット4」に変更しましょう。

応用 P.100 ⑩ プロットエリアに、白色から緑色に徐々に変化するグラデーションを、次のように設定しましょう。

種類	：線形
方向	：下方向
0%地点の分岐点	：白、背景1
100%地点の分岐点	：緑、アクセント6、白+基本色60%

※ブックに「Lesson23完成」と名前を付けて、フォルダー「学習ファイル」に保存し、閉じておきましょう。

Lesson 24

グラフの活用

標準解答 ▶

OPEN

E Lesson24

あなたは、家電メーカーの営業管理部門に所属しており、調理家電の売上についての資料を作成することになりました。
完成図のような表とグラフを作成しましょう。

●完成図

	A	B	C	D	E	F	G	H	I
1		調理家電　上期売上表							
2						単位：円			
3		商品コード	商品名	単価	数量	売上金額			
4		K1103	電気圧力鍋	18,600	595	11,067,000			
5		H1201	スモークレス焼肉グリル	13,000	570	7,410,000			
6		H1105	マルチホットプレート	15,600	362	5,647,200			
7		T1220	ノンフライオーブン	17,000	267	4,539,000			
8		K1402	糖質カット炊飯器	16,000	267	4,272,000			
9		K1311	スロークッカー	9,800	321	3,145,800			
10		H1311	角型グリル鍋	9,800	318	3,116,400			
11		K1011	スティックブレンダー	8,700	180	1,566,000			
12		K1509	電気ケトル	4,200	338	1,419,600			
13		T1101	オーブントースター	7,480	180	1,346,400			
14		T1102	ホットサンドメーカー	5,800	199	1,154,200			
15		K1223	ヨーグルトメーカー	6,700	108	723,600			
16		合計				45,407,200			
17									
18									

◀ ▶ ｜ 売上グラフ 売上表 ⊕

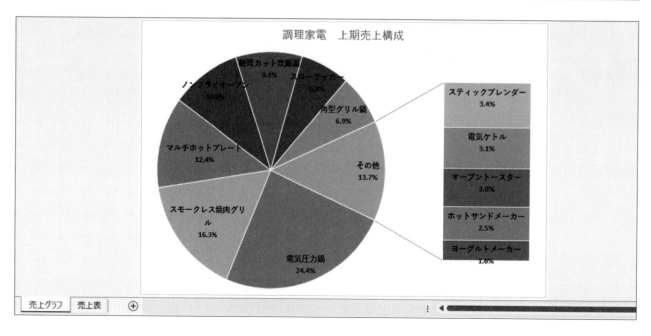

売上グラフ 売上表 ⊕

基礎

第1章

第2章

第3章

第4章

第5章

第6章

第7章

第8章

第9章

応用

第1章

第2章

第3章

第4章

第5章

第6章

第7章

第8章

第9章

まとめ

応用 P.106   ① 「売上金額」が高い順に並べ替えましょう。

> **HINT** 並べ替えに含めない行がある場合は、対象のセル範囲を選択してから並べ替えを行います。

応用 P.107   ② 表のデータをもとに、商品名ごとの売上金額の比率を表す補助縦棒付き円グラフを作成しましょう。

基礎 P.173,185   ③ グラフタイトルに「調理家電□上期売上構成」と入力しましょう。
次に、作成したグラフをグラフシートに移動しましょう。シートの名前は「売上グラフ」にします。
※□は全角空白を表します。

応用 P.108   ④ 補助グラフに表示するデータ要素の個数を4個から5個に変更しましょう。

応用 P.109   ⑤ データラベルを内部外側に表示し、次のように書式を設定しましょう。

> フォントサイズ ：14ポイント
> フォントの色   ：黒、テキスト1
> 太字

応用 P.110   ⑥ データラベルに表示される内容を「分類名」と「パーセンテージ」に変更しましょう。

応用 P.111   ⑦ データラベルが小数第1位までのパーセントで表示されるように設定しましょう。

基礎 P.189   ⑧ 凡例を非表示にしましょう。

基礎 P.191   ⑨ グラフタイトルのフォントサイズを「20」ポイントに変更しましょう。

基礎 P.177   ⑩ グラフの色を「カラフルなパレット3」に変更しましょう。

※ブックに「Lesson24完成」と名前を付けて、フォルダー「学習ファイル」に保存し、閉じておきましょう。

第3章
グラフの活用

標準解答 ▶

OPEN

Ｅ Lesson25

あなたは、営業管理部門に所属しており、各店舗の売上傾向を分析するための資料を作成することになりました。
完成図のような表とグラフを作成しましょう。

●完成図

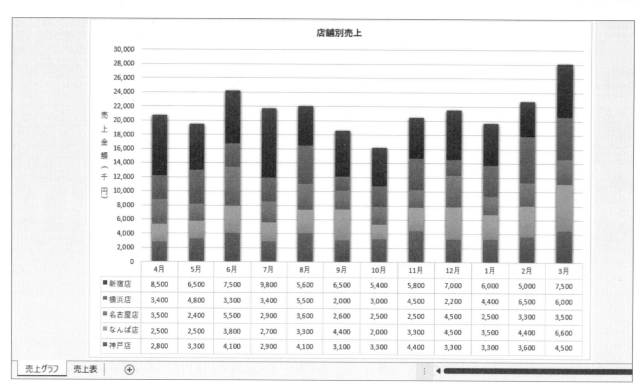

店舗名	4月	5月	6月	7月	8月	9月	10月	11月	12月	1月	2月	3月	合計
新宿店	8,500	6,500	7,500	9,800	5,600	6,500	5,400	5,800	7,000	6,000	5,000	7,500	81,100
横浜店	3,400	4,800	3,300	3,400	5,500	2,000	3,000	4,500	2,200	4,400	6,500	6,000	49,000
名古屋店	3,500	2,400	5,500	2,900	3,600	2,600	2,500	2,500	4,500	2,500	3,300	3,500	39,300
なんば店	2,500	2,500	3,800	2,700	3,300	4,400	2,000	3,300	4,500	3,500	4,400	6,600	43,500
神戸店	2,800	3,300	4,100	2,900	4,100	3,100	3,300	4,400	3,300	3,300	3,600	4,500	42,700
合計	20,700	19,500	24,200	21,700	22,100	18,600	16,200	20,500	21,500	19,700	22,800	28,100	255,600

基礎

第1章

第2章

第3章

第4章

第5章

第6章

第7章

第8章

第9章

応用

第1章

第2章

第3章

第4章

第5章

第6章

第7章

第8章

第9章

まとめ

応用 P.114 ① セル範囲【P4:P8】に各店舗の売上推移を表す折れ線スパークラインを作成しましょう。

応用 P.114 ② スパークラインの種類を縦棒スパークラインに変更しましょう。

(HINT) スパークラインの種類を変更するには、《スパークライン》タブ→《種類》グループを使います。

応用 P.115 ③ スパークラインの最大値をすべて同じ値に設定しましょう。
次に、スパークラインの最小値を「0」に設定しましょう。

応用 P.116 ④ スパークラインの最大値と最小値を強調しましょう。

応用 P.117 ⑤ スパークラインのスタイルを「ローズ、スパークラインスタイルカラフル#1」に変更しましょう。

基礎 P.182 ⑥ 表のデータをもとに、月ごとの店舗別売上金額を表す2-Dの積み上げ縦棒グラフを作成しましょう。

基礎 P.184 ⑦ グラフタイトルに「店舗別売上」と入力しましょう。

基礎 P.185 ⑧ 作成したグラフをグラフシートに移動しましょう。シートの名前は「売上グラフ」にします。

応用 P.94 ⑨ 凡例マーカー付きのデータテーブルを表示しましょう。

基礎 P.189 ⑩ 凡例を非表示にしましょう。

応用 P.95 ⑪ 積み上げ縦棒グラフの上から「新宿店」「横浜店」「名古屋店」「なんば店」「神戸店」の順番に表示されるようにデータ系列の順番を変更しましょう。

基礎 P.176 ⑫ グラフのスタイルを「スタイル11」に変更しましょう。

基礎 P.188,190 ⑬ 値軸の軸ラベルを表示し、「売上金額（千円）」と入力しましょう。
次に、文字の方向を縦書きに変更しましょう。

基礎 P.192 ⑭ 値軸の目盛間隔を2000単位に変更しましょう。

基礎 P.191 ⑮ グラフエリアのフォントサイズを「11」ポイントに変更しましょう。

※ブックに「Lesson25完成」と名前を付けて、フォルダー「学習ファイル」に保存し、閉じておきましょう。

OPEN

E Lesson26

あなたは、食品会社の開発部に所属しており、新商品の特徴や成分などをまとめた資料を作成することになりました。
完成図のようなSmartArtグラフィックとグラフを作成しましょう。

●完成図

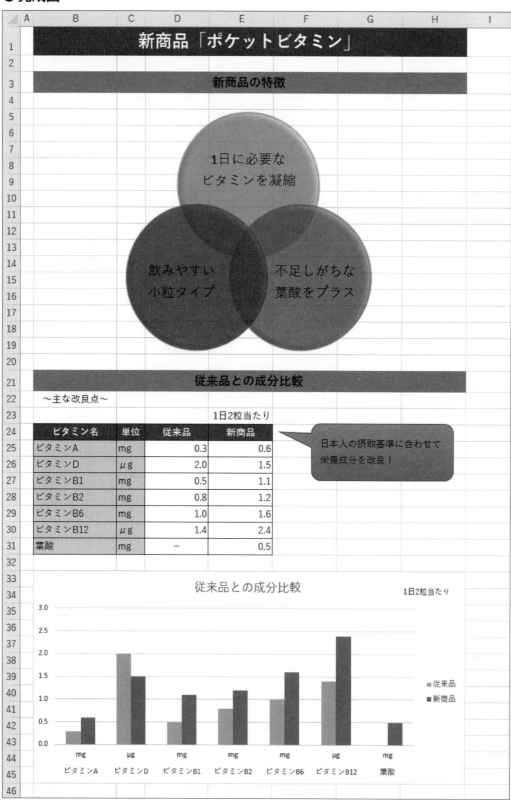

基礎

第1章

第2章

第3章

第4章

第5章

第6章

第7章

第8章

第9章

応用

第1章

第2章

第3章

第4章

第5章

第6章

第7章

第8章

第9章

まとめ

応用 P.146 ① ブックのテーマの色を「赤味がかったオレンジ」に変更しましょう。

(HINT) テーマの色だけを変更するには、《ページレイアウト》タブ→《テーマ》グループの ■配色 ～ (テーマの色)を使います。

応用 P.122,124 ② SmartArtグラフィックの「基本ベン図」を挿入し、セル範囲【B5：H19】に配置しましょう。

(HINT) 「基本ベン図」は、《集合関係》に分類されています。

応用 P.125 ③ テキストウィンドウを使って、SmartArtグラフィックに次のように文字列を追加しましょう。

・1日に必要な
　　ビタミンを凝縮
・不足しがちな
　　葉酸をプラス
・飲みやすい
　　小粒タイプ

(HINT) 箇条書きの項目内で改行するには、[Shift]＋[Enter]を押します。

応用 P.129 ④ SmartArtグラフィックのスタイルを次のように設定しましょう。

色　　　　：カラフル-アクセント5から6
スタイル：パウダー

応用 P.132 ⑤ 表の横に図形の「吹き出し：角を丸めた四角形」を作成しましょう。

応用 P.134 ⑥ 図形のスタイルを「パステル-濃い赤、アクセント6」に変更しましょう。

応用 P.135,136 ⑦ 図形に「日本人の摂取基準に合わせて栄養成分を改良！」と入力し、完成図を参考にサイズと位置を調整しましょう。

(HINT) 吹き出しの先端の位置を調整するには、図形の黄色の〇（調整ハンドル）をドラッグします。

応用 P.137 ⑧ 図形の文字列の配置を上下中央揃えに設定しましょう。

応用 P.139,141,142 ⑨ グラフ上に横書きのテキストボックスを作成し、セル【E23】の「1日2粒当たり」を参照しましょう。
次に、テキストボックス内の文字列のフォントサイズを「9」ポイントに変更し、完成図を参考にサイズと位置を調整しましょう。

※ブックに「Lesson26完成」と名前を付けて、フォルダー「学習ファイル」に保存し、閉じておきましょう。

OPEN

E Lesson27

あなたは、ブライダル会社に勤務しており、海外ウェディングの案内資料を作成することになりました。
完成図のようなSmartArtグラフィックとグラフを作成しましょう。

●完成図

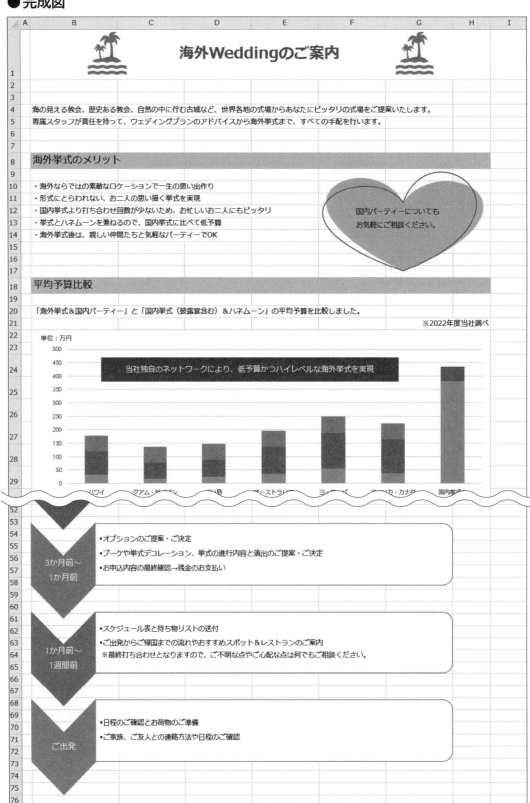

基礎

第1章

第2章

第3章

第4章

第5章

第6章

第7章

第8章

第9章

応用

第1章

第2章

第3章

第4章

第5章

第6章

第7章

第8章

第9章

まとめ

応用 P.145,146 ① ブックのテーマを次のように変更しましょう。

> テーマ　　　：ウィスプ
> テーマの色：黄緑

HINT テーマの色を設定するには、《ページレイアウト》タブ→《テーマ》グループの ■配色 ∨ (テーマの色)を使います。

応用 P.144 ② 1行目の「海外Weddingのご案内」の左側に、「旅行」で検索されるアイコンを挿入し、次のように書式を設定しましょう。

> スタイル：塗りつぶし-アクセント5、枠線なし

※インターネットに接続できる環境が必要です。

次に、完成図を参考に、アイコンの位置を調整しましょう。

HINT アイコンを挿入するには、《挿入》タブ→《図》グループの (アイコンの挿入)を使います。

基礎 P.51 ③ 完成図を参考に、①で挿入したアイコンを右側にコピーしましょう。

応用 P.138 ④ ハートの図形の枠線にスケッチスタイルの「曲線」を設定しましょう。

HINT スケッチスタイルを設定するには、《図形の書式》タブ→《図形のスタイル》グループの 図形の枠線 ∨ (図の枠線)を使います。

応用 P.139 ⑤ グラフ上にテキストボックスを作成し、「当社独自のネットワークにより、低予算かつハイレベルな海外挙式を実現」と入力しましょう。
次に、完成図を参考に位置とサイズを調整しましょう。

応用 P.142 ⑥ テキストボックスに、次の書式を設定しましょう。

> フォントサイズ：12ポイント
> 塗りつぶしの色：緑、アクセント2、黒+基本色25%
> フォントの色　：白、背景1
> 文字列の配置　：上下左右ともに中央揃え

応用 P.128 ⑦ テキストウィンドウを使って、SmartArtグラフィックの図形の「1年以上前」とその下のレベルの図形の「資料請求」を削除しましょう。

応用 P.126 ⑧ テキストウィンドウを使って、SmartArtグラフィックに次の文字列を追加しましょう。

> ・ご出発
> 　・日程のご確認とお荷物のご準備
> 　・ご家族、ご友人との連絡方法や日程のご確認

応用 P.130 ⑨ SmartArtグラフィックの「ご出発」のフォントサイズを「13」ポイントに変更しましょう。

HINT 一覧に表示されないフォントサイズを設定するには、《フォントサイズ》に直接入力します。

応用 P.129 ⑩ SmartArtグラフィック全体の配色を「カラフル-全アクセント」に変更しましょう。

※ブックに「Lesson27完成」と名前を付けて、フォルダー「学習ファイル」に保存し、閉じておきましょう。

Excel 2021 応用

OPEN
Lesson28

あなたは、セミナーの企画・運営を行ってる会社でコース企画を担当しています。次年度の
コース計画にあたり、様々な角度から売上実績を分析することになりました。
次のように、データベースを操作しましょう。

●完成図

セミナー売上一覧

No.	売上日	コース名	分類	学習形態	単価（円）	数量	売上金額（円）
1	10/1	学生のためのデータリテラシー	学生	集合	28,000	40	1,120,000
2	10/1	ハラスメント防止講座	マネジメント	集合	25,000	10	250,000
3	10/2	SDGs入門	マネジメント	オンライン	12,000	20	240,000
4	10/2	動画で学ぶビジネスマナー	新入社員／若手社員	オンライン	18,000	12	216,000
5	10/3	ビジネスパーソンのための実践文章力講座	新入社員／若手社員	集合	28,000	10	280,000
6	10/3	SDGs入門	マネジメント	オンライン	12,000	5	60,000
7	10/3	SNSを活用した戦略的マーケティング	ITセールス	オンライン	22,000	28	616,000
8	10/4	PowerPointマスター！プレゼンテーション	学生	オンライン	15,000	120	1,800,000
9	10/4	Wordマスター！論文作成	学生	オンライン	15,000	74	1,110,000
10	10/5	データからみる顧客ニーズ分析	ITセールス	オンライン	24,000	21	504,000
11	10/5	SNSを活用した戦略的マーケティング	ITセールス	オンライン	22,000	12	264,000
12	10/5	アンガーマネジメント	マネジメント	集合	26,000	15	390,000
13	10/7	SDGs入門	マネジメント	オンライン	12,000	40	480,000
14	10/9	学生のための情報モラル＆情報セキュリティ	学生	オンライン	18,000	120	2,160,000
15	10/10	学生のためのデータリテラシー	学生	集合	28,000	80	2,240,000
16	10/11	Excelマスター！データ分析	学生	オンライン	15,000	5	75,000
17	10/12	SDGs入門	マネジメント	オンライン	12,000	9	108,000
18	10/12	学生のためのデータリテラシー	学生	集合	28,000	10	280,000
19	10/12	動画で学ぶビジネスマナー	新入社員／若手社員	オンライン	18,000	15	270,000
20	10/13	SDGs入門	マネジメント	オンライン	12,000	20	240,000
21	10/14	SNSを活用した戦略的マーケティング	ITセールス	オンライン	22,000	14	308,000
22	10/16	動画で学ぶビジネスマナー	新入社員／若手社員	オンライン	18,000	10	180,000
23	10/17	アンガーマネジメント	マネジメント	集合	26,000	10	260,000
24	10/17	学生のためのデータリテラシー	学生	集合	28,000	30	840,000
25	10/17	SDGs入門	マネジメント	オンライン	12,000	8	96,000
26	10/19	学生のためのデータリテラシー	学生	集合	28,000	15	420,000
27	10/22	Excelマスター！データ分析	学生	オンライン	15,000	40	600,000
28	10/22	SNSを活用した戦略的マーケティング	ITセールス	オンライン	22,000	16	352,000
29	10/24	アンガーマネジメント	マネジメント	集合	26,000	18	468,000
30	10/25	データからみる顧客ニーズ分析	ITセールス	オンライン	24,000	15	360,000
31	10/25	学生のための情報モラル＆情報セキュリティ	学生	オンライン	18,000	7	126,000
32	10/25	PowerPointマスター！プレゼンテーション	学生	オンライン	15,000	24	360,000
33		ハラスメント防止		集合			
67	12/1	動画で学ぶビジネスマナー	新入社員／若手社員	オンライン	18,000	15	270,000
68	12/2	ハラスメント防止講座	マネジメント	集合	25,000	20	500,000
69	12/2	アンガーマネジメント	マネジメント	集合	26,000	8	208,000
70	12/5	ハラスメント防止講座	マネジメント	集合	25,000	6	150,000
71	12/5	動画で学ぶビジネスマナー	新入社員／若手社員	オンライン	18,000	8	144,000
72	12/6	アンガーマネジメント	マネジメント	集合	26,000	10	260,000
73	12/7	学生のための情報モラル＆情報セキュリティ	学生	オンライン	18,000	17	306,000
74	12/7	ビジネスパーソンのための実践文章力講座	新入社員／若手社員	集合	28,000	15	420,000
75	12/8	学生のための情報モラル＆情報セキュリティ	学生	オンライン	18,000	12	216,000
76	12/10	SNSを活用した戦略的マーケティング	ITセールス	オンライン	22,000	45	990,000
77	12/10	データからみる顧客ニーズ分析	ITセールス	オンライン	24,000	55	1,320,000
78	12/11	Wordマスター！論文作成	学生	オンライン	15,000	15	225,000
79	12/11	SDGs入門	マネジメント	オンライン	12,000	24	288,000
80	12/11	ビジネスパーソンのための実践文章力講座	新入社員／若手社員	集合	28,000	4	112,000
81	12/12	ビジネスパーソンのための実践文章力講座	新入社員／若手社員	集合	28,000	8	224,000
82	12/13	Wordマスター！論文作成	学生	オンライン	15,000	6	90,000
83	12/14	SDGs入門	マネジメント	オンライン	12,000	36	432,000
84	12/16	学生のためのデータリテラシー	学生	集合	28,000	40	1,120,000
85	12/16	動画で学ぶビジネスマナー	新入社員／若手社員	オンライン	18,000	32	576,000
86	12/16	SNSを活用した戦略的マーケティング	ITセールス	オンライン	22,000	20	440,000
87	12/16	ハラスメント防止講座	マネジメント	集合	25,000	6	150,000
88	12/18	Wordマスター！論文作成	学生	オンライン	15,000	4	60,000
89	12/20	アンガーマネジメント	マネジメント	集合	26,000	28	728,000
90	12/21	データからみる顧客ニーズ分析	ITセールス	オンライン	24,000	60	1,440,000
91	12/22	学生のためのデータリテラシー	学生	集合	28,000	8	224,000
92	12/24	ハラスメント防止講座	マネジメント	集合	25,000	10	250,000
93	12/24	SDGs入門	マネジメント	オンライン	12,000	20	240,000
94	12/26	動画で学ぶビジネスマナー	新入社員／若手社員	オンライン	18,000	12	216,000
95	12/27	ビジネスパーソンのための実践文章力講座	新入社員／若手社員	集合	28,000	10	280,000
集計						2,200	44,232,000

▶「分類」が「マネジメント」で、「学習形態」が「集合」のレコードを抽出し、「売上金額」が高い順に並べ替え

No.	売上日	コース名	分類	学習形態	単価 (円)	数量	売上金額 (円)
38	10/31	アンガーマネジメント	マネジメント	集合	26,000	50	1,300,000
89	12/20	アンガーマネジメント	マネジメント	集合	26,000	28	728,000
68	12/2	ハラスメント防止講座	マネジメント	集合	25,000	20	500,000
29	10/24	アンガーマネジメント	マネジメント	集合	26,000	18	468,000
12	10/5	アンガーマネジメント	マネジメント	集合	26,000	15	390,000
43	11/7	ハラスメント防止講座	マネジメント	集合	25,000	15	375,000
34	10/26	アンガーマネジメント	マネジメント	集合	26,000	12	312,000
47	11/10	アンガーマネジメント	マネジメント	集合	26,000	12	312,000
23	10/17	アンガーマネジメント	マネジメント	集合	26,000	10	260,000
72	12/6	アンガーマネジメント	マネジメント	集合	26,000	10	260,000
2	10/1	ハラスメント防止講座	マネジメント	集合	25,000	10	250,000
33	10/26	ハラスメント防止講座	マネジメント	集合	25,000	10	250,000
92	12/24	アンガーマネジメント	マネジメント	集合	25,000	10	250,000
69	12/2	アンガーマネジメント	マネジメント	集合	26,000	8	208,000
57	11/22	ハラスメント防止講座	マネジメント	集合	25,000	8	200,000
64	11/28	アンガーマネジメント	マネジメント	集合	26,000	7	182,000
70	12/5	ハラスメント防止講座	マネジメント	集合	25,000	6	150,000
87	12/16	ハラスメント防止講座	マネジメント	集合	25,000	6	150,000

▶「学習形態」が「オンライン」のレコードを抽出し、さらに「数量」が60より大きいレコードを抽出

No.	売上日	コース名	分類	学習形態	単価 (円)	数量	売上金額 (円)
8	10/4	PowerPointマスター！プレゼンテーション	学生	オンライン	15,000	120	1,800,000
9	10/4	Wordマスター！論文作成	学生	オンライン	15,000	74	1,110,000
14	10/9	学生のための情報モラル＆情報セキュリティ	学生	オンライン	18,000	120	2,160,000
60	11/26	Excelマスター！データ分析	学生	オンライン	15,000	80	1,200,000

▶「売上金額 (円)」が高いレコードの上位10%を抽出し、「売上金額 (円)」が高い順に並べ替え

No.	売上日	コース名	分類	学習形態	単価 (円)	数量	売上金額 (円)
15	10/10	学生のためのデータリテラシー	学生	集合	28,000	80	2,240,000
14	10/9	学生のための情報モラル＆情報セキュリティ	学生	オンライン	18,000	120	2,160,000
8	10/4	PowerPointマスター！プレゼンテーション	学生	オンライン	15,000	120	1,800,000
44	11/7	データからみる顧客ニーズ分析	ITセールス	オンライン	24,000	60	1,440,000
90	12/21	データからみる顧客ニーズ分析	ITセールス	オンライン	24,000	60	1,440,000
77	12/10	データからみる顧客ニーズ分析	ITセールス	オンライン	24,000	55	1,320,000
38	10/31	アンガーマネジメント	マネジメント	集合	26,000	50	1,300,000
51	11/15	学生のためのデータリテラシー	学生	集合	28,000	45	1,260,000
60	11/26	Excelマスター！データ分析	学生	オンライン	15,000	80	1,200,000

基礎
第1章
第2章
第3章
第4章
第5章
第6章
第7章
第8章
第9章
応用
第1章
第2章
第3章
第4章
第5章
第6章
第7章
第8章
第9章
まとめ

応用 P.161 ① 表をテーブルに変換しましょう。

応用 P.163 ② テーブルスタイルを「青,テーブルスタイル（中間）16」に変更しましょう。

応用 P.164 ③ 「分類」が「マネジメント」で、「学習形態」が「集合」のレコードを抽出しましょう。

応用 P.164 ④ ③の抽出結果を、さらに「売上金額（円）」が高い順に並べ替えましょう。

応用 P.165 ⑤ 「分類」と「学習形態」のフィルターの条件をクリアし、「No.」の昇順に並べ替えましょう。

応用 P.164 ⑥ 「学習形態」が「オンライン」のレコードを抽出し、さらに「数量」が60より大きいレコードを抽出しましょう。

応用 P.165 ⑦ フィルターの条件をすべてクリアしましょう。

基礎 P.215 ⑧ 「売上金額（円）」が高いレコードの上位10％を抽出し、「売上金額（円）」が高い順に並べ替えましょう。

応用 P.165 ⑨ 「売上金額（円）」のフィルターの条件をクリアし、「No.」の昇順に並べ替えましょう。

応用 P.166 ⑩ テーブルの最終行に集計行を表示し、「数量」と「売上金額（円）」の合計を表示しましょう。

応用 P.162 ⑪ テーブルスタイルの設定は残したまま、テーブルを元の表に変換しましょう。

※ブックに「Lesson28完成」と名前を付けて、フォルダー「学習ファイル」に保存し、閉じておきましょう。

ピボットテーブルとピボットグラフの作成 標準解答 ▶

基礎

第1章
第2章
第3章
第4章
第5章
第6章
第7章
第8章
第9章

応用

第1章
第2章
第3章
第4章
第5章
第6章
第7章
第8章
第9章

まとめ

あなたは、スマートウォッチの販売を担当しており、新機種の売上状況を分析しています。
次のようなピボットテーブルを作成しましょう。

▶「担当者」「売上月」別のピボットテーブルを作成

	A	B	C	D	E	F
1						
2						
3	合計 / 売上金額	列ラベル				
4		⊞1月	⊞2月	⊞3月	総計	
5	行ラベル					
6	佐藤　龍平	1,540,100	1,489,500		3,029,600	
7	山田　望	976,700	385,200	485,500	1,847,400	
8	松岡　慶	961,800	456,000	1,678,100	3,095,900	
9	松本　翔太	1,025,600	168,600	989,400	2,183,600	
10	新見　智子	234,000	153,600	332,400	720,000	
11	斉藤　剛士	428,000	25,600	196,800	650,400	
12	村上　莉沙子	473,800	639,800	557,600	1,671,200	
13	中野　みゆき		977,200	193,600	1,170,800	
14	野々村　彰人	588,800	1,262,400	1,750,800	3,602,000	
15	総計	6,228,800	5,557,900	6,184,200	17,970,900	
16						

▶「渋谷」の集計結果を表示

	A	B	C	D	E	F
1	販売店	渋谷				
2						
3	合計 / 売上金額	列ラベル				
4		⊞1月	⊞2月	⊞3月	総計	
5	行ラベル					
6	佐藤　龍平	1,540,100	1,489,500		3,029,600	
7	山田　望	976,700	385,200	485,500	1,847,400	
8	野々村　彰人	588,800	1,262,400	1,750,800	3,602,000	
9	総計	3,105,600	3,137,100	2,236,300	8,479,000	
10						

▶「販売店」「売上月」別のピボットテーブルを作成

	A	B	C	D	E	F
1	機種コード	（すべて）				
2						
3	合計 / 売上金額	列ラベル				
4		⊞1月	⊞2月	⊞3月	総計	
5	行ラベル					
6	秋葉原	2,221,400	778,200	2,999,900	5,999,500	
7	渋谷	3,105,600	3,137,100	2,236,300	8,479,000	
8	新宿	901,800	1,642,600	948,000	3,492,400	
9	総計	6,228,800	5,557,900	6,184,200	17,970,900	
10						

▶売上構成比を表示

	A	B	C	D	E	F
1	機種コード	（すべて）				
2						
3	合計 / 売上金額	売上月				
4		⊞1月	⊞2月	⊞3月	総計	
5	販売店					
6	秋葉原	12.36%	4.33%	16.69%	33.38%	
7	渋谷	17.28%	17.46%	12.44%	47.18%	
8	新宿	5.02%	9.14%	5.28%	19.43%	
9	総計	34.66%	30.93%	34.41%	100.00%	
10						

▶「秋葉原」の「1月」の詳細データを表示

	売上日	販売店	担当者	機種コード	単価	数量	売上金額
1	売上日 ▼	販売店 ▼	担当者 ▼	機種コード ▼	単価 ▼	数量 ▼	売上金額 ▼
2	2023/1/4	秋葉原	松本 翔太	SW-5002	42800	5	214000
3	2023/1/6	秋葉原	松本 翔太	SW-2003	12800	4	51200
4	2023/1/8	秋葉原	松岡 慶	SW-5001	32800	5	164000
5	2023/1/11	秋葉原	松岡 慶	SW-5002	42800	2	85600
6	2023/1/13	秋葉原	松本 翔太	SW-5002	42800	10	428000
7	2023/1/14	秋葉原	松本 翔太	SW-5001	32800	6	196800
8	2023/1/15	秋葉原	松岡 慶	SW-2005	22600	10	226000
9	2023/1/21	秋葉原	松岡 慶	SW-5001	32800	10	328000
10	2023/1/22	秋葉原	新見 智子	SW-2005	22600	6	135600
11	2023/1/27	秋葉原	松岡 慶	SW-2005	22600	7	158200
12	2023/1/28	秋葉原	新見 智子	SW-5001	32800	3	98400
13	2023/1/28	秋葉原	松本 翔太	SW-2005	22600	6	135600
14							

▶「機種コード」別のピボットテーブルを作成

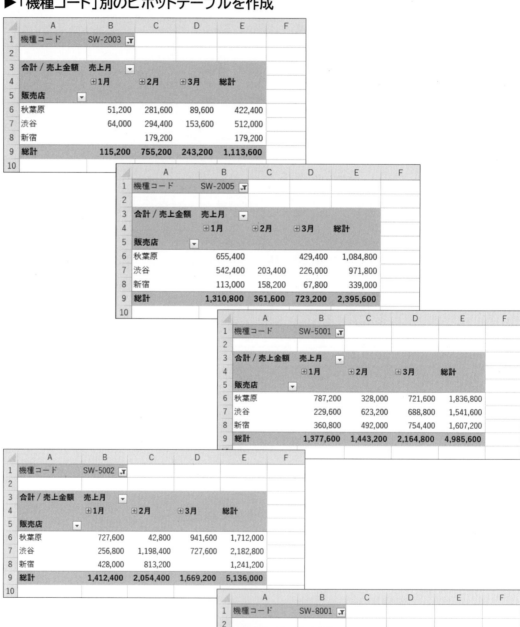

基礎

第1章

第2章

第3章

第4章

第5章

第6章

第7章

第8章

第9章

応用

第1章

第2章

第3章

第4章

第5章

第6章

第7章

第8章

第9章

まとめ

応用 P.173 ① 表のデータをもとに、次のようにフィールドを配置してピボットテーブルを作成しましょう。ピボットテーブルは新しいシートに作成します。

> 行ラベルエリア：担当者
> 列ラベルエリア：売上日
> 値エリア　　　：売上金額

応用 P.177 ② 値エリアの数値に3桁区切りカンマを付けましょう。

応用 P.179 ③ シート「第4四半期」のセル【G6】を「5」に変更し、ピボットテーブルを更新しましょう。

応用 P.180 ④ レポートフィルターエリアに「販売店」を配置して、「渋谷」の集計結果を表示しましょう。確認後、すべての販売店のデータを表示しましょう。

応用 P.182 ⑤ 行ラベルエリアの「担当者」の下に「機種コード」を追加しましょう。

応用 P.183 ⑥ 行ラベルエリアから「担当者」を削除しましょう。

応用 P.181 ⑦ レポートフィルターエリアの「販売店」と行ラベルエリアの「機種コード」を入れ替えましょう。

応用 P.185 ⑧ ピボットテーブルスタイルを「薄い灰色,ピボットスタイル(淡色)15」に変更しましょう。

応用 P.186 ⑨ 行ラベルエリアの見出し名を「販売店」、列ラベルエリアの見出し名を「売上月」に変更しましょう。

> (HINT) 見出し名は、セルに直接入力して変更します。

応用 P.183 ⑩ 全体の総計を100%とした場合の売上構成比が表示されるように、集計方法を変更しましょう。確認後、集計方法を元に戻しましょう。

応用 P.187 ⑪ 「秋葉原」の「1月」の詳細データを新しいシートに表示しましょう。
次に、新しいシートのA~G列の幅を自動調整しましょう。

応用 P.188 ⑫ 「機種コード」別のピボットテーブルをそれぞれ新しいシートに作成しましょう。
次に、新しいシートの内容をそれぞれ確認しましょう。

※ブックに「Lesson29完成」と名前を付けて、フォルダー「学習ファイル」に保存し、閉じておきましょう。

Lesson30

第6章

ピボットテーブルとピボットグラフの作成 標準解答▶

OPEN

E Lesson30

あなたは、商品開発部に所属しており、新商品についてのアンケート結果を分析しています。
完成図のようなピボットテーブルとピボットグラフを作成しましょう。

●完成図

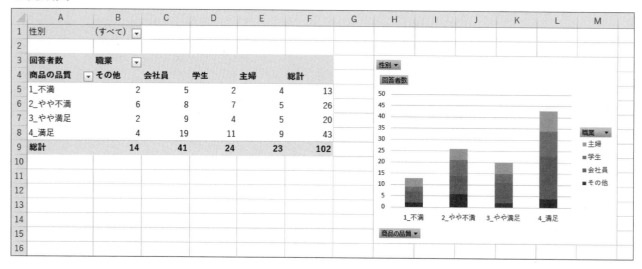

▶スライサーを使って、商品を「SNS」で知り、購入予定が「ある」と答えた人の集計結果を表示

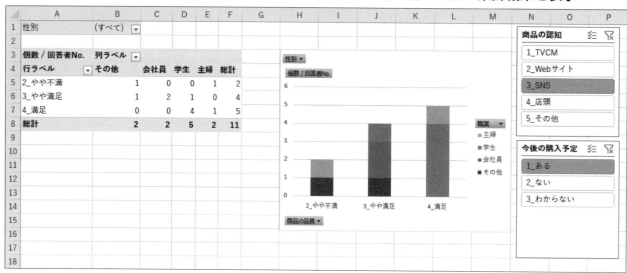

基礎

第1章

第2章

第3章

第4章

第5章

第6章

第7章

第8章

第9章

応用

第1章

第2章

第3章

第4章

第5章

第6章

第7章

第8章

第9章

まとめ

応用 P.173 (1) 表のデータをもとに、次のようにフィールドを配置してピボットテーブルを作成しましょう。ピボットテーブルは新しいシートに作成します。

> レポートフィルターエリア：性別
> 行ラベルエリア 　　　：価格
> 列ラベルエリア 　　　：職業
> 値エリア 　　　　　　：回答者No.

応用 P.178 (2) 値エリアの空白セルに「0 (ゼロ)」を表示しましょう。

(HINT) 空白セルに値を表示するには、ピボットテーブル内のセルを選択→《ピボットテーブル分析》タブ→《ピボットテーブル》グループの オプション (ピボットテーブルオプション)→《レイアウトと書式》タブ→《空白セルに表示する値》を使います。

応用 P.185 (3) ピボットテーブルスタイルを「薄い黄,ピボットスタイル (淡色) 19」に変更しましょう。

応用 P.191 (4) ピボットテーブルをもとにピボットグラフを作成し、セル範囲【H3：M15】に配置しましょう。グラフの種類は積み上げ縦棒にします。

応用 P.182 (5) 軸 (分類項目) エリアの「価格」の下に「商品の品質」を追加しましょう。

応用 P.183 (6) 軸 (分類項目) エリアの「価格」を削除しましょう。

応用 P..193 (7) ピボットグラフに「会社員」のデータだけを表示しましょう。確認後、すべての職業のデータを表示しましょう。

応用 P.194 (8) 「商品の認知」と「今後の購入予定」のスライサーを表示して、商品をSNSで知り、購入予定があると答えたデータに絞り込んで集計結果を表示しましょう。

応用 P.194,195 (9) ⑧で設定したフィルターを解除し、スライサーを削除しましょう。

応用 P.186 (10) ピボットテーブルの値エリアの見出し名を「回答者数」、行ラベルエリアの見出し名を「商品の品質」、列ラベルエリアの見出し名を「職業」に変更しましょう。
次に、A列の列の幅を14文字分、B列からF列までの列の幅を10文字分に設定しましょう。

※ブックに「Lesson30完成」と名前を付けて、フォルダー「学習ファイル」に保存し、閉じておきましょう。

第7章
マクロの作成

標準解答 ▶

OPEN

E Lesson31

あなたは、オフィス用の菓子を販売している会社で営業部に所属しており、採用状況を確認するリストを作成しています。
完成図のようなマクロを作成しましょう。

●完成図

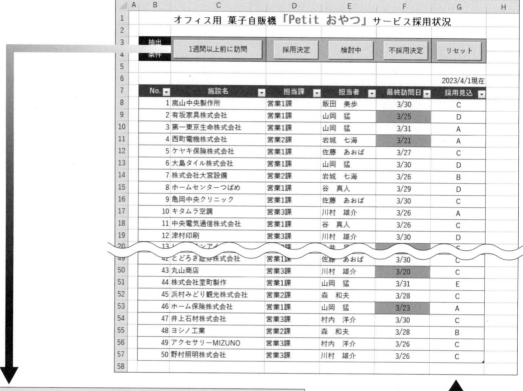

応用 P.203 ① リボンに《開発》タブを表示しましょう。

応用 P.204 ② 次の動作をするマクロ「最終訪問日」を作成しましょう。マクロの保存先は、「作業中の
ブック」とします。

> • 「最終訪問日」のセルが水色のレコードを抽出
> • アクティブセルをセル【A1】に戻す

※「最終訪問日」のデータには、条件付き書式で、セル【G6】より7日以前のセルに水色の塗りつぶしを
設定しています。

応用 P.208 ③ 次の動作をするマクロ「リセット」を作成しましょう。マクロの保存先は、「作業中のブッ
ク」とします。

> • フィルターの条件をすべてクリアする
> • アクティブセルをセル【A1】に戻す

応用 P.210 ④ マクロ「最終訪問日」を実行しましょう。
次に、マクロ「リセット」を実行しましょう。

応用 P.204 ⑤ 次の動作をするマクロ「採用決定」「検討中」「不採用決定」を作成しましょう。マクロの
保存先は、「作業中のブック」とします。

マクロ「採用決定」

> • 「採用見込」が「A」のレコードを抽出する
> • アクティブセルをセル【A1】に戻す

マクロ「検討中」

> • 「採用見込」が「B」「C」「D」のレコードを抽出する
> • アクティブセルをセル【A1】に戻す

マクロ「不採用決定」

> • 「採用見込」が「E」のレコードを抽出する
> • アクティブセルをセル【A1】に戻す

基礎

第1章

第2章

第3章

第4章

第5章

第6章

第7章

第8章

第9章

応用

第1章

第2章

第3章

第4章

第5章

第6章

第7章

第8章

第9章

まとめ

応用 P.211 ⑥ 完成図を参考に、ボタンを5つ作成し、②③⑤で作成したマクロをそれぞれ次のボタン
名で登録しましょう。

> マクロ「最終訪問日」：ボタン「1週間以上前に訪問」
> マクロ「採用決定」　：ボタン「採用決定」
> マクロ「検討中」　　：ボタン「検討中」
> マクロ「不採用決定」：ボタン「不採用決定」
> マクロ「リセット」　：ボタン「リセット」

応用 P.212 ⑦ マクロ「リセット」をボタンから実行しましょう。

応用 P.212 ⑧ マクロ「最終訪問日」「採用決定」「検討中」「不採用決定」「リセット」の順でボタンからマ
クロを実行しましょう。

応用 P.214 ⑨ ブックに「Lesson31完成」と名前を付けて、Excelマクロ有効ブックとしてフォルダー
「学習ファイル」に保存しましょう。
次に、ブック「Lesson31完成」を閉じましょう。

応用 P.215 ⑩ ブック「Lesson31完成」を開いて、マクロを有効にしましょう。

応用 P.215 ⑪ 《開発》タブを非表示にしましょう。

> **HINT** 《開発》タブを非表示にするには、《ファイル》タブ→《オプション》→左側の一覧から《リボ
> ンのユーザー設定》を選択→《リボンのユーザー設定》の ▼ →一覧から《メインタブ》を
> 選択→《☐開発》にします。

※ブックを保存せずに閉じておきましょう。

基礎

第1章

第2章

第3章

第4章

第5章

第6章

第7章

第8章

第9章

応用

第1章

第2章

第3章

第4章

第5章

第6章

第7章

第8章

第9章

まとめ

OPEN

E Lesson32

あなたは、本社の経営戦略部に所属しており、支社の売上を集計することになりました。
完成図のような表とグラフを操作しましょう。

●完成図

応用 P.220 ① ブックのプロパティに、次のように情報を設定しましょう。

> タイトル：売上集計
> 作成者　：経理部)井上

応用 P.221 ② ドキュメント検査を行ってすべての項目を検査し、検査結果からプロパティ以外の情報を削除しましょう。
※セル【I3】にメモが挿入され、15行目が非表示になっています。

応用 P.224 ③ ブックのアクセシビリティをチェックしましょう。

応用 P.224 ④ 《アクセシビリティ》作業ウィンドウを使って、グラフの代替テキストに「上期売上グラフ」を設定しましょう。

応用 P.224 ⑤ 《アクセシビリティ》作業ウィンドウを使って、セル範囲【B3：K3】のフォントの色を「白、背景1」に変更しましょう。

応用 P.231-233 ⑥ セル範囲【D4：I13】のロックを解除し、シートを保護しましょう。シートの保護を解除するためのパスワードは「sheet」とします。

> (HINT) シートの保護を解除するためのパスワードを設定するには、《シートの保護》ダイアログボックスを使います。

応用 P.229 ⑦ ブック「Lesson32」にパスワード「book」を設定し、「Lesson32完成」と名前を付けて、フォルダー「学習ファイル」に保存し、閉じましょう。

応用 P.230 ⑧ パスワードを設定したブック「Lesson32完成」を開きましょう。

※ブックを閉じておきましょう。

Lesson 33

第9章
便利な機能

標準解答 ▶

OPEN

E Lesson33

あなたは、レストランの受付スタッフで、ディナーの予約受付表を作成することになりました。完成図のような表を作成しましょう。
※アクティブシートを切り替えて、各シートの内容を確認しておきましょう。

●完成図

	日付	予約件数	予約人数	大人	子ども
4	4/1(土)	5	12	10	2
5	4/2(日)	4	10	10	0
6	4/3(月)	0	0	0	0
7	4/4(火)	1	2	2	0
8	4/5(水) 定休日				
9	4/6(木)	1	4	4	0
10	4/7(金)	2	14	12	2
11	4/8(土)	3	12	10	2
12	4/9(日)	2	10	10	0
13	4/10(月)	0	0	0	0
14	4/11(火)	1	2	2	0
15	4/12(水) 定休日				
16	4/13(木)	1	4	2	0
17	4/14(金)	2	5	5	0
18	4/15(土)	3	15	12	3
19	4/16(日)		0		
24	4/21(金)		0		
25	4/22(土)		0		
26	4/23(日)		0		
27	4/24(月)		0		
28	4/25(火)		0		
29	4/26(水) 定休日		0		
30	4/27(木)		0		
31	4/28(金)		0		
32	4/29(土)		0		
33	4/30(日)		0		
34		25	90	79	11

予約集計 / 予約受付

予約受付表

2023年4月16日(日)　　　Restaurant FOREST

No.	時間	お名前	予約人数	大人	子ども	予約方法	連絡先TEL	メールアドレス	受付日	受付者	席番号	備考
1	18:00 ~ 20:00	コヤマ ミホ	6名	4名	2名	グルメサイト	090-1111-XXXX	koyama@xx.xx	4/10	原田	1	
2	~		0名									
3	~		0名									
4	~		0名									
5	~		0名									
6	~		0名									
7	~		0名									
8	~		0名									
9	~		0名									
10	~		0名									
11	~		0名									
12	~		0名									

●入力リスト

予約方法	予約開始時間	予約終了時間
TEL	18:00	19:00
公式サイト	19:00	19:30
グルメサイト	20:00	20:00
その他		20:30
		21:00
		21:30
		22:00

予約集計 / 予約受付

基礎

第1章
第2章
第3章
第4章
第5章
第6章
第7章
第8章
第9章

応用

第1章
第2章
第3章
第4章
第5章
第6章
第7章

第8章
第9章

まとめ

78

応用 P.243 ① クイック分析を使って、シート「予約集計」のセル範囲【C4:C33】にカラースケールを表示しましょう。

> **HINT** カラースケールを表示するには、🔲（クイック分析）→《書式設定》→《カラー》を使います。

応用 P.243 ② クイック分析を使って、セル範囲【C4:F33】をもとに、セル範囲【C34:F34】に合計を求めましょう。

> **HINT** 合計を求めるには、🔲（クイック分析）→《合計》→《合計》を使います。

応用 P.243 ③ クイック分析を使って、シート「予約受付」のセル範囲【G6:G17】の5より大きいセルに「濃い緑の文字、緑の背景」の書式を設定しましょう。
※セル範囲【G6:G17】には「0名」の表示形式が設定されています。

> **HINT** 指定の値に条件付き書式を設定するには、🔲（クイック分析）→《書式設定》→《指定の値》を使います。

応用 P.78 ④ セル範囲【J6:J17】の「予約方法」を入力する際、セル範囲【R4:R7】の「●入力リスト」の「予約方法」をリストから選択できるように入力規則を設定しましょう。

基礎 P.53 ⑤ セル【B3】とセル範囲【C6:C17】【E6:F17】【H6:P17】の値を削除しましょう。削除後、セル【B3】をアクティブセルにします。

応用 P.247 ⑥ ブックに「予約受付フォーム」という名前を付けて、テンプレートとして保存しましょう。保存後、テンプレートを閉じておきましょう。

応用 P.248 ⑦ テンプレート「予約受付フォーム」を使って、新しいブックを作成し、次のようにデータを入力しましょう。

セル【B3】：2023/4/16
セル【C6】：リストから「18:00」を選択
セル【E6】：リストから「20:00」を選択
セル【F6】：コヤマ　ミホ
セル【H6】：4
セル【I6】：2
セル【J6】：リストから「グルメサイト」を選択
セル【K6】：090-1111-XXXX
セル【L6】：koyama@xx.xx
セル【M6】：4/10
セル【N6】：原田
セル【O6】：1

※セル【B3】とセル範囲【M6:M17】には日付の書式が設定されています。
※セル範囲【C6:C17】と【E6:E17】には入力規則が設定されています。
※セル範囲【G6:G17】には、数式が入力されています。大人、子どもの人数を入力すると、自動的に予約人数が表示されます。

※ブックを保存せずに閉じておきましょう。

あなたは、営業管理部に勤務しており、商品の上半期の売上実績を集計することになりました。完成図のような表を作成しましょう。

●完成図

売上表（集計）

単位：箱

商品名	4月	5月	6月	7月	8月	9月	合計
バターサンド	134	115	117	93	116	171	746
ショコラサンド	128	96	85	87	90	125	611
レモンケーキ	114	81	79	71	84	104	533
はちみつナッツ	98	85	93	66	73	98	513
合計	474	377	374	317	363	498	2,403

集計

▶参照するデータ

売上表（店頭販売）

単位：箱

商品名	4月	5月	6月	7月	8月	9月	合計
バターサンド	50	46	52	48	53	78	327
ショコラサンド	60	45	41	50	55	65	316
レモンケーキ	55	38	34	35	37	42	241
はちみつナッツ	41	35	45	33	38	49	241
合計	206	164	172	166	183	234	1,125

店頭販売

売上表（オンライン販売）

単位：箱

商品名	4月	5月	6月	7月	8月	9月	合計
バターサンド	50	47	35	22	35	48	237
ショコラサンド	40	30	29	27	20	35	181
レモンケーキ	31	28	24	18	25	28	154
はちみつナッツ	25	25	30	22	18	23	143
合計	146	130	118	89	98	134	715

オンライン販売

売上表（イベント販売）

単位：箱

商品名	4月	5月	6月	7月	8月	9月	合計
バターサンド	34	22	30	23	28	45	182
ショコラサンド	28	21	15	10	15	25	114
レモンケーキ	28	15	21	18	22	34	138
はちみつナッツ	32	25	18	11	17	26	129
合計	122	83	84	62	82	130	563

イベント販売

応用 P.237 ① ブック「Lesson34-1」「Lesson34-2」「Lesson34-3」「Lesson34-4」を同時に開きましょう。

応用 P.238 ② ブックを切り替えて、各ブックの内容を確認しましょう。

応用 P.239 ③ 開いている4つのブックを並べて表示しましょう。

基礎 P.27 ④ 開いている4つのブックの画面の表示倍率をそれぞれ80%に縮小しましょう。

応用 P.239 ⑤ 開いている4つのブックのリボンを折りたたみましょう。

応用 P.240 ⑥ ブック「Lesson34-4」(集計)のセル【C4】に、ブック「Lesson34-1」(店頭販売)、「Lesson34-2」(オンライン販売)、「Lesson34-3」(イベント販売)のセル【C4】を合計する数式を入力しましょう。

応用 P.240 ⑦ ブック「Lesson34-4」(集計)のセル【C4】の数式をセル範囲【C5:C7】にコピーしましょう。
次に、セル範囲【C4:C7】の数式をセル範囲【D4:H7】にコピーしましょう。

応用 P.242 ⑧ ブック「Lesson34-1」(店頭販売)のセル【C4】の数値を「50」に変更し、ブック「Lesson34-4」に変更が反映されることを確認しましょう。

※ブック「Lesson34-4」に「Lesson34完成」と名前を付けて、フォルダー「学習ファイル」に保存し、閉じておきましょう。「Lesson34-1」は上書き保存し、そのほかのブックは保存せずに閉じておきましょう。

Skill Up | Microsoft® **Excel**® **2021**

まとめ

標準解答 ▶

OPEN

E Lesson35

あなたは、家電メーカーに勤務しており、家庭用冷凍庫の売上集計を作成することになりました。
次のようなブックを作成しましょう。
※アクティブシートを切り替えて、各シートの内容を確認しておきましょう。

●シート「売上表」

売上表（家庭用冷凍庫シリーズ）

伝票コード	売上日	得意先コード	得意先名	商品コード	商品名	単価	数量	売上金額
001101	4/1	301	株式会社陽光ゼネラル	101	冷凍庫 IceKeep（前開き・60L）	35,000	8	280,000
001102	4/1	304	ミノタ株式会社	102	冷凍庫 IceKeep（前開き・120L）	57,000	12	684,000
001103	4/2	306	イケガミ電機株式会社	105	冷凍庫 IceKeep-T（上開き・200L）	116,300	3	348,900
001104	4/2	307	港北電機株式会社	102	冷凍庫 IceKeep（前開き・120L）	57,000	9	513,000
001105	4/2	301	株式会社陽光ゼネラル	103	冷凍庫 IceKeep（前開き・240L）	99,700	11	1,096,700
001106	4/5	303	浜波電気株式会社	104	冷凍庫 IceKeep-T（上開き・80L）	48,000	8	384,000
001107	4/5	304	ミノタ株式会社	105	冷凍庫 IceKeep-T（上開き・200L）	116,300	4	465,200
001108	4/6	305	山上電機株式会社	103	冷凍庫 IceKeep（前開き・240L）	99,700	12	1,196,400
001109	4/6	306	イケガミ電機株式会社	101	冷凍庫 IceKeep（前開き・60L）	35,000	6	210,000
001110	4/6	307	港北電機株式会社	104	冷凍庫 IceKeep-T（上開き・80L）	48,000	7	336,000
001111	4/7	301	株式会社陽光ゼネラル	105	冷凍庫 IceKeep-T（上開き・200L）	116,300	5	581,500
001112	4/7	305	山上電機株式会社	102	冷凍庫 IceKeep（前開き・120L）	57,000	12	684,000
001113	4/8	306	イケガミ電機株式会社	103	冷凍庫 IceKeep（前開き・240L）	99,700	10	997,000
001114	4/8	307	港北電機株式会社	105	冷凍庫 IceKeep-T（上開き・200L）	116,300	3	348,900
001115	4/9	301	株式会社陽光ゼネラル	101	冷凍庫 IceKeep（前開き・60L）	35,000	6	210,000
001116	4/9	304	ミノタ株式会社	104	冷凍庫 IceKeep-T（上開き・80L）	48,000	10	480,000
001117	4/9	306	イケガミ電機株式会社	105	冷凍庫 IceKeep-T（上開き・200L）	116,300	4	465,200
001118	4/9	307	港北電機株式会社	102	冷凍庫 IceKeep（前開き・120L）	57,000	12	684,000
001119	4/12	301	株式会社陽光ゼネラル	104	冷凍庫 IceKeep-T（上開き・80L）	48,000	8	384,000
001120	4/12	306	イケガミ電機株式会社	101	冷凍庫 IceKeep（前開き・60L）	35,000	4	140,000
001121	4/13	302	真野電機株式会社	103	冷凍庫 IceKeep（前開き・240L）	99,700	7	697,900
001122	4/13	303	浜波電気株式会社	101	冷凍庫 IceKeep（前開き・60L）	35,000	8	280,000
001123	4/13	304	ミノタ株式会社	105	冷凍庫 IceKeep-T（上開き・200L）	116,300	5	581,500
001124	4/14	306	イケガミ電機株式会社	102	冷凍庫 IceKeep（前開き・120L）	57,000	10	570,000
001125	4/14	307	港北電機株式会社	103	冷凍庫 IceKeep（前開き・240L）	99,700	12	1,196,400
001126	4/15	305	山上電機株式会社	104	冷凍庫 IceKeep-T（上開き・80L）	48,000	6	288,000
001127	4/15	301	株式会社陽光ゼネラル	102	冷凍庫 IceKeep（前開き・120L）	57,000	9	513,000
001128	4/15	302	真野電機株式会社	103	冷凍庫 IceKeep（前開き・240L）	99,700	10	997,000
001129	4/16	307	港北電機株式会社	101	冷凍庫 IceKeep（前開き・60L）	35,000	5	175,000
001130	4/16	304	ミノタ株式会社	104	冷凍庫 IceKeep-T（上開き・80L）	48,000	10	480,000
001131	4/19	302	真野電機株式会社	105	冷凍庫 IceKeep-T（上開き・200L）	116,300	3	348,900
001132	4/19	301	株式会社陽光ゼネラル	101	冷凍庫 IceKeep（前開き・60L）	35,000	8	280,000
001133	4/20	306	イケガミ電機株式会社	102	冷凍庫 IceKeep（前開き・120L）	57,000	8	456,000
001134	4/21	303	浜波電気株式会社	104	冷凍庫 IceKeep-T（上開き・80L）	48,000	8	384,000
001135	4/21	302	真野電機株式会社	103	冷凍庫 IceKeep（前開き・240L）	99,700	9	897,300
001136	4/22	306	イケガミ電機株式会社	101	冷凍庫 IceKeep（前開き・60L）	35,000	8	280,000
001137	4/22	305	山上電機株式会社	105	冷凍庫 IceKeep-T（上開き・200L）	116,300	4	465,200
001138	4/26	307	港北電機株式会社	102	冷凍庫 IceKeep（前開き・120L）	57,000	12	684,000
001139	4/26	301	株式会社陽光ゼネラル	104	冷凍庫 IceKeep-T（上開き・80L）	48,000	7	336,000
001140	4/26	302	真野電機株式会社	103	冷凍庫 IceKeep（前開き・240L）	99,700	8	797,600
001141	4/27	305	山上電機株式会社	101	冷凍庫 IceKeep（前開き・60L）	35,000	7	245,000

Sheet1 売上表 売上集計表 商品リスト 得意先リスト ⊕

●シート「売上集計表」

売上集計（4月）

得意先コード	得意先名	前月迄売上	当月売上	累計売上	累計売上構成比
301	株式会社陽光ゼネラル	12,422,600	3,681,200	16,103,800	14.1%
302	真野電機株式会社	18,336,000	3,738,700	22,074,700	19.3%
303	浜波電気株式会社	9,555,600	1,048,000	10,603,600	9.3%
304	ミノタ株式会社	13,556,000	2,690,700	16,246,700	14.2%
305	山上電機株式会社	9,660,000	2,878,600	12,538,600	10.9%
306	イケガミ電機株式会社	15,200,000	3,467,100	18,667,100	16.3%
307	港北電機株式会社	14,445,000	3,937,300	18,382,300	16.0%
合計		93,175,200	21,441,600	114,616,800	100.0%

Sheet1 売上表 売上集計表 商品リスト 得意先 … ⊕

●シート「売上表」のデータをもとに作成したピボットテーブルとピボットグラフ

基礎

第1章

第2章

第3章

第4章

第5章

第6章

第7章

第8章

第9章

応用

第1章

第2章

第3章

第4章

第5章

第6章

第7章

第8章

第9章

まとめ

基礎 P.218 ① シート「売上表」の1行目から3行目までの見出しを固定し、データを確認しましょう。

応用 P.72 ② セル【B4】の「1101」が「001101」と表示されるように、表示形式を設定しましょう。

基礎 P.65 ③ セル【B4】をもとに、セル範囲【B5:B44】に1ずつ増加する数値を入力しましょう。

基礎 P.66
応用 P.38 ④ シート「売上表」のセル【E4】に、セル【D4】の「得意先コード」に対応する「得意先名」を表示する数式を入力しましょう。シート「得意先リスト」の表を参照します。
次に、セル【E4】の数式をセル範囲【E5:E44】にコピーして、「得意先名」欄を完成させましょう。

応用 P.38 ⑤ シート「売上表」のセル範囲【G4:H4】に、セル【F4】の「商品コード」に対応する「商品名」と「単価」を表示する数式を入力しましょう。シート「商品リスト」の表を参照します。

(HINT) ⑥でセル【H4】にコピーできるように、セル【F4】は列だけを固定します。

基礎 P.66,80 ⑥ シート「売上表」のセル【H4】に、3桁区切りカンマを付けましょう。
次に、セル範囲【G4:H4】の数式をセル範囲【G5:H44】にコピーして、「商品名」欄と「単価」欄を完成させましょう。

基礎 P.46,66　⑦　シート「売上表」のセル【J4】に「売上金額」を求める数式を入力しましょう。
次に、セル【J4】の数式をセル範囲【J5:J44】にコピーして、「売上金額」欄を完成させましょう。

応用 P.32　⑧　シート「売上集計表」のセル【E4】に、シート「売上表」をもとに、得意先コード別の「当月売上」を求める数式を入力しましょう。
次に、セル【E4】の数式をセル範囲【E5:E10】にコピーして、「当月売上」欄を完成させましょう。

基礎 P.134　⑨　シート「売上集計表」のセル範囲【D11:E11】とセル範囲【F4:F11】にそれぞれの合計を求める数式を入力しましょう。

基礎 P.46,66,81,83　⑩　シート「売上集計表」のセル【G4】に「累計売上構成比」を求める数式を入力し、小数第1位までのパーセントで表示されるように、表示形式を設定しましょう。
次に、セル【G4】の数式をセル範囲【G5:G11】にコピーして、「累計売上構成比」欄を完成させましょう。

応用 P.173　⑪　シート「売上表」のデータをもとに、次のようにフィールドを配置してピボットテーブルを作成しましょう。ピボットテーブルは新しいシートに作成します。

レポートフィルターエリア	：得意先名
行ラベルエリア	：売上日
列ラベルエリア	：商品名
値エリア	：売上金額

応用 P.176　⑫　ピボットテーブルの「売上日」を、7日単位で表示しましょう。

HINT　「売上日」を7日単位で表示するには、《ピボットテーブル分析》タブ→《グループ》グループの[⑦ フィールドのグループ化]（フィールドのグループ化）→《単位》の《日》を選択→《日数》を設定します。

応用 P.177　⑬　値エリアの数値に3桁区切りカンマを付けましょう。

応用 P.185　⑭　ピボットテーブルスタイルを「濃い青,ピボットスタイル（濃色）2」に変更しましょう。

応用 P.191　⑮　ピボットテーブルをもとに、「商品名」ごとの総計を表すピボットグラフを作成しましょう。グラフの種類は積み上げ横棒にします。

基礎 P.27,174,175　⑯　シート「Sheet1」の画面の表示倍率を80%に縮小し、ピボットグラフをセル範囲【A12:E28】に配置しましょう。

基礎 P.186 ⑰ ピボットグラフの行の項目と列の項目を切り替えましょう。

基礎 P.189 ⑱ ピボットグラフのレイアウトを「レイアウト1」に変更しましょう。

基礎 P.184 ⑲ グラフタイトルに「家庭用冷凍庫売上」と入力しましょう。

基礎 P.176,177 ⑳ ピボットグラフのスタイルを「スタイル6」に変更しましょう。
次に、グラフの色を「カラフルなパレット4」に変更しましょう。

基礎 P.191 ㉑ グラフエリアのフォントサイズを「12」ポイント、グラフタイトルのフォントサイズを「16」ポイントに変更しましょう。

基礎 P.188 ㉒ ピボットグラフの凡例の場所を下に変更しましょう。

基礎 P.188,190 ㉓ ピボットグラフの右下に軸ラベルを追加し、「(円)」と表示しましょう。

応用 P.186 ㉔ ピボットテーブルの行ラベルエリアの見出し名を「商品名」、列ラベルエリアの見出し名を「売上日」に変更しましょう。

応用 P.194 ㉕ 「得意先名」のスライサーを表示して、「イケガミ電機株式会社」と「株式会社陽光ゼネラル」のデータに絞り込んで総計結果を表示しましょう。

※ブックに「Lesson35完成」と名前を付けて、フォルダー「学習ファイル」に保存し、閉じておきましょう。

基礎
第1章
第2章
第3章
第4章
第5章
第6章
第7章
第8章
第9章
応用
第1章
第2章
第3章
第4章
第5章
第6章
第7章
第8章
第9章
まとめ

Lesson 36　まとめ

標準解答 ▶

OPEN

📄 Lesson36

あなたは、営業管理部門に所属しており、各エリアの売上実績をまとめた資料を作成することになりました。次のような表を作成しましょう。

●シート「上期売上実績」

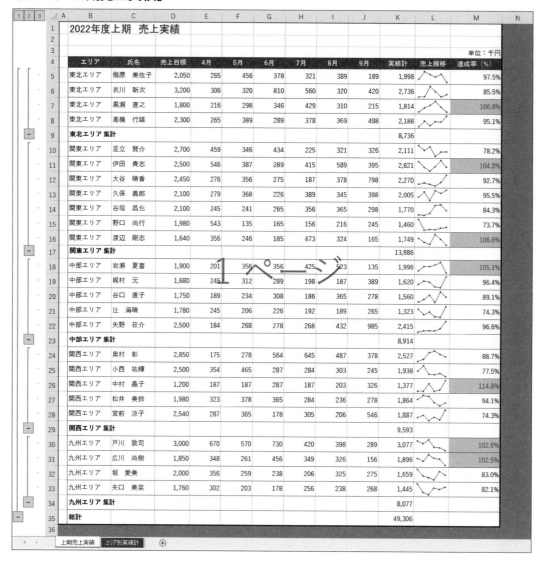

	エリア	氏名	売上目標	4月	5月	6月	7月	8月	9月	実績計	売上推移	達成率（%）
5	東北エリア	梅原　美佐子	2,050	265	456	378	321	389	189	1,998		97.5%
6	東北エリア	衣川　新次	3,200	306	320	810	560	320	420	2,736		85.5%
7	東北エリア	黒瀬　直之	1,800	216	298	346	429	310	215	1,814		100.8%
8	東北エリア	髙橋　行雄	2,300	265	389	289	378	369	498	2,188		95.1%
9	**東北エリア 集計**									8,736		
10	関東エリア	足立　賢介	2,700	459	346	434	225	321	326	2,111		78.2%
11	関東エリア	伊田　貴志	2,500	546	387	289	415	589	395	2,621		104.8%
12	関東エリア	大谷　晴香	2,450	276	356	275	187	378	798	2,270		92.7%
13	関東エリア	久保　義郎	2,100	279	368	226	389	345	398	2,005		95.5%
14	関東エリア	谷垣　昌也	2,100	245	241	265	356	365	298	1,770		84.3%
15	関東エリア	野口　尚行	1,980	543	135	165	156	216	245	1,460		73.7%
16	関東エリア	渡辺　剛志	1,640	356	246	185	473	324	165	1,749		106.6%
17	**関東エリア 集計**									13,986		
18	中部エリア	岩瀬　夏喜	1,900	201	356	356	425	523	135	1,996		105.1%
19	中部エリア	梶村　元	1,680	245	312	289	198	187	389	1,620		96.4%
20	中部エリア	谷口　直子	1,750	189	234	308	186	365	278	1,560		89.1%
21	中部エリア	辻　海晴	1,780	245	206	226	192	189	265	1,323		74.3%
22	中部エリア	矢野　荘介	2,500	184	268	278	268	432	985	2,415		96.6%
23	**中部エリア 集計**									8,914		
24	関西エリア	奥村　彰	2,850	175	278	564	645	487	378	2,527		88.7%
25	関西エリア	小西　祐輝	2,500	354	465	287	284	303	245	1,938		77.5%
26	関西エリア	中村　晶子	1,200	187	187	287	187	203	326	1,377		114.8%
27	関西エリア	松井　美鈴	1,980	323	378	365	284	236	278	1,864		94.1%
28	関西エリア	宮前　涼子	2,540	287	365	178	305	206	546	1,887		74.3%
29	**関西エリア 集計**									9,593		
30	九州エリア	戸川　敦司	3,000	670	570	730	420	398	289	3,077		102.6%
31	九州エリア	広川　尚樹	1,850	348	261	456	349	326	156	1,896		102.5%
32	九州エリア	堀　愛美	2,000	356	259	238	206	325	275	1,659		83.0%
33	九州エリア	矢口　美菜	1,760	302	203	178	256	238	268	1,445		82.1%
34	**九州エリア 集計**									8,077		
35	**総計**									49,306		

2022年度上期　売上実績

単位：千円

上期売上実績　エリア別実績計

●シート「エリア別実績計」

2022年度上期　売上実績

	エリア	実績計
5	**東北エリア 集計**	8,736
6	**関東エリア 集計**	13,986
7	**中部エリア 集計**	8,914
8	**関西エリア 集計**	9,593
9	**九州エリア 集計**	8,077
10	**総計**	49,306

上期売上実績　エリア別実績計

基礎

第1章

第2章

第3章

第4章

第5章

第6章

第7章

第8章

第9章

応用

第1章

第2章

第3章

第4章

第5章

第6章

第7章

第8章

第9章

まとめ

基礎 P.89-91

① セル【B1】に次のように書式を設定しましょう。

> フォント 　　　：MSPゴシック
> フォントサイズ：18ポイント
> フォントの色 　：ブルーグレー、テキスト2

基礎 P.46,66,81,83

② セル【L5】に「達成率(%)」を求める数式を入力し、小数第1位までのパーセントで表示されるように、表示形式を設定しましょう。
次に、セル【L5】の数式をセル範囲【L6:L29】にコピーして、「達成率(%)」欄を完成させましょう。

応用 P.243

③ クイック分析を使って、「達成率(%)」が100%より大きいセルに、「濃い緑の文字、緑の背景」の書式を設定しましょう。

応用 P.161,163

④ 表をテーブルに変換し、テーブルスタイルを「青,テーブルスタイル(淡色)9」に変更しましょう。

応用 P.166

⑤ テーブルの最終行に集計行を表示し、「実績計」の合計と「達成率(%)」の平均をそれぞれ表示しましょう。

応用 P.162

⑥ テーブルスタイルの設定は残したまま、テーブルを元の表に変換しましょう。

基礎 P.86

⑦ セル【L3】に「単位:千円」と入力し、文字列を右に揃えましょう。

基礎 P.101

⑧ K列とL列の間に1列挿入し、セル【L4】に「売上推移」と入力しましょう。

応用 P.114

⑨ セル【L5:L29】に4月から9月までの売上推移を表す折れ線スパークラインを作成し、マーカーを表示しましょう。

> (HINT) マーカーを表示するには、《スパークライン》タブ→《表示》グループの《マーカー》を使います。

基礎 P.98

⑩ 5行目から29行目までの行の高さを「25」ポイントに変更しましょう。

応用 P.154

⑪ 「エリア」を「東北エリア」「関東エリア」「中部エリア」「関西エリア」「九州エリア」の順で並べ替えましょう。

> (HINT) ユーザーが指定した順番に並べ替えるには、「ユーザー設定リスト」を使います。

応用 P.155

⑫ 「エリア」ごとに「実績計」を合計する集計行を追加しましょう。

基礎 P.102
応用 P.157

⑬ アウトライン記号を使って、「エリア」ごとの集計行だけを表示し、C列からJ列までを非表示にしましょう。

基礎 P.28,51
応用 P.159

⑭ シート上に表示されているセル範囲【A1:K35】だけをコピーし、新しいシートのセル【A1】を開始位置として貼り付けましょう。

HINT シート上に表示されているセル範囲だけをコピーするには、《ホーム》タブ→《編集》グループの ⬚ (検索と選択)→《条件を選択してジャンプ》→《可視セル》を使います。

基礎 P.76,96

⑮ シート「Sheet1」のA列の列の幅を2文字分、B列の列の幅を18文字分に設定し、表全体に格子の罫線を引きましょう。罫線の色は「青、アクセント1」にします。

HINT 罫線の色は、《セルの書式設定》ダイアログボックスの《罫線》タブ→《色》で設定します。

基礎 P.130,131

⑯ シート「Sheet1」の名前を「エリア別実績計」に変更し、シート見出しの色を「青」にしましょう。

基礎 P.103
応用 P.157

⑰ シート「上期売上実績」の非表示にした列を再表示しましょう。
次に、アウトライン記号を使って、すべてのデータを表示しましょう。

基礎 P.76

⑱ シート「上期売上実績」のセル範囲【B34:M35】の周囲と各行の下に罫線を引きましょう。罫線の色は「青、アクセント1」にします。

基礎 P.27,152

⑲ シート「上期売上実績」の表示モードをページレイアウトに切り替えて、画面の表示倍率を80%にしましょう。

基礎 P.153,155

⑳ シート「上期売上実績」に、次のようにページを設定しましょう。

用紙サイズ	：A4
用紙の向き	：縦
ヘッダーの右側	：現在の日付
フッターの右側	：シート名

基礎 P.160-162

㉑ 表示モードを改ページプレビューに切り替えて、シート「上期売上実績」のすべてのデータが1ページに印刷されるように設定し、1部印刷しましょう。

※ブックに「Lesson36完成」と名前を付けて、フォルダー「学習ファイル」に保存し、閉じておきましょう。

あなたは、食品卸会社の営業部に所属しており、見積書のフォーマットを作成することになりました。
次のような表を作成しましょう。

※アクティブシートを切り替えて、各シートの内容を確認しておきましょう。

●PDFファイル「お見積書（株式会社フジサワ食品様）」

見積No.22110
令和5年4月1日

お見積書

株式会社フジサワ食品　御中

納品期日：	ご注文後1週間以内
納品場所：	貴社指定のとおり
取引方法：	月末〆翌月末払い
お見積有効期限：	発行後2週間

FOMフード販売株式会社
登録番号：T1234567890123
〒108-0014
東京都港区芝X-X-X
キャシービル15階
TEL 03-5401-XXXX
第一営業部長
佐伯　貴志

以下のとおり、お見積申し上げます。

お見積金額　　　　　　　　¥46,080

（消費税込）

No.	商品コード	商品名（内容量）	単価	数量	金額	税率
1	T1001	特選しょうゆ（1000ml）	960	20	19,200	8%
2	A1003	森のコクピア（350ml）	320	84	26,880	10%

8%	税率対象合計	19,200	
	内消費税額	1,536	
10%	税率対象合計	26,880	
	内消費税額	2,688	
	合計金額	46,080	

基礎
第1章
第2章
第3章
第4章
第5章
第6章
第7章
第8章
第9章
応用
第1章
第2章
第3章
第4章
第5章
第6章
第7章
第8章
第9章
まとめ

基礎 **P.96,101** ① シート「コード表」のD列とE列の間に1列挿入しましょう。
次に、E列の列の幅を28文字分に設定し、セル【E3】に「商品名（内容量）」と入力しましょう。

基礎 **P.101,224** ② フラッシュフィルを使って、セル範囲【E4:E18】に次のような入力パターンの「商品名（内容量）」を入力しましょう。
次に、C列からD列までを削除しましょう。

● セル【E4】

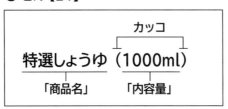

③ 応用 **P.73** シート「お見積書」のセル【G1】が「見積No.10010」と表示されるように、表示形式を設定しましょう。

応用 **P.35,74** ④ セル【G2】に本日の日付を表示する数式を入力し、「令和〇〇年〇月〇日」と和暦で表示されるように、表示形式を設定しましょう。

(HINT) 日付を和暦で表示するには、《ホーム》タブ→《数値》グループの □ （表示形式）→《表示形式》タブ→《分類》の《日付》→《カレンダーの種類》を使います。

基礎 **P.87,90,92** ⑤ セル範囲【B4:H4】を結合し、文字列をセルの中央に配置しましょう。
次に、セル【B4】に次の書式を設定しましょう。

> フォントサイズ：18ポイント
> 太字

応用 **P.71** ⑥ セル【C6】が「株式会社ヤマムラ□御中」と表示されるように、表示形式を設定しましょう。
※□は全角空白を表します。

基礎 **P.94** ⑦ セル【G8】にセルのスタイル「見出し4」を設定しましょう。

応用 **P.76** ⑧ セルをクリックしたときに、日本語入力システムがオフになるように、セル【G1】、セル範囲【C20:C29】、セル範囲【F20:F29】に入力規則を設定しましょう。
次に、日本語入力システムがオンになるように、セル【C6】に入力規則を設定しましょう。

応用 **P.44,48** ⑨ XLOOKUP関数を使って、シート「お見積書」のセル範囲【D20:E20】とセル【H20】に、セル【C20】の「商品コード」に対応する「商品名（内容量）」、「単価」、「税率」を表示する数式を入力しましょう。セル【C20】の「商品コード」と一致する値が見つからない場合は、何も表示されないようにします。「商品名（内容量）」と「単価」の数式はスピルを使います。
次に、セル【H20】にパーセントスタイルを設定しましょう。

基礎

第1章

第2章

第3章

第4章

第5章

第6章

第7章

第8章

第9章

応用

第1章

第2章

第3章

第4章

第5章

第6章

第7章

第8章

第9章

まとめ

応用 P.21 ⑩ セル【G20】に「金額」を求める数式を入力しましょう。ただし、「商品コード」が入力されていない場合は、何も表示されないようにします。

基礎 P.66 ⑪ セル【D20】とセル範囲【G20:H20】の数式を、それぞれ29行目までコピーしましょう。

(HINT) 「商品コード」が入力されると、数式がスピルされるためE列はコピーしません。

応用 P.32 ⑫ セル【G30】に8%税率対象の商品の金額合計、セル【G32】に10%税率対象の商品の金額合計を求める数式を入力しましょう。

基礎 P.46
応用 P.15 ⑬ セル【G31】に8%税率対象合計の消費税額、セル【G33】に10%税率対象合計の消費税額を求める数式を入力しましょう。小数点以下の数値は切り捨てて表示します。

基礎 P.46 ⑭ セル【G34】に合計金額を求める数式を入力しましょう。合計金額は、8%税率対象合計(セル【G30】)と10%税率対象合計(セル【G32】)を加算して求めます。

基礎 P.142 ⑮ セル【D16】にセル【G34】のデータを参照する数式を入力しましょう。

応用 P.220 ⑯ ブックのプロパティに、次の情報を設定しましょう。

タイトル:お見積書	作成者:第一営業部

応用 P.221 ⑰ ドキュメント検査を行ってすべての項目を検査し、検査結果からメモ(コメント)を削除しましょう。
※セル【D16】には、メモが挿入されています。

基礎 P.37,40,53 ⑱ シート「お見積書」のセル【G1】とセル【C6】、セル【C20】のデータをクリアして、次のようにデータを入力しましょう。

セル【G1】 :22110	セル【F20】:20
セル【C6】 :株式会社フジサワ食品	セル【C21】:A1003
セル【C20】:T1001	セル【F21】:84

基礎 P.160-162 ⑲ 表示モードを改ページプレビューに切り替えて、シート「お見積書」のすべてのデータが1ページに印刷されるように設定し、1部印刷しましょう。

基礎 P.236 ⑳ シート「お見積書」をPDFファイルとして、「お見積書(株式会社フジサワ食品様)」と名前を付けて、フォルダー「学習ファイル」に保存し、PDFファイルを表示しましょう。
※PDFファイルを閉じておきましょう。

※ブックに「Lesson37完成」と名前を付けて、フォルダー「学習ファイル」に保存し、閉じておきましょう。

Lesson 38 まとめ

標準解答 ▶

OPEN

E Lesson38

あなたは、梱包用資材を製造する会社に勤務しており、商品出荷数について集計表を作成することになりました。
完成図のような表とグラフを作成しましょう。
※アクティブシートを切り替えて、各シートの内容を確認しておきましょう。

●完成図

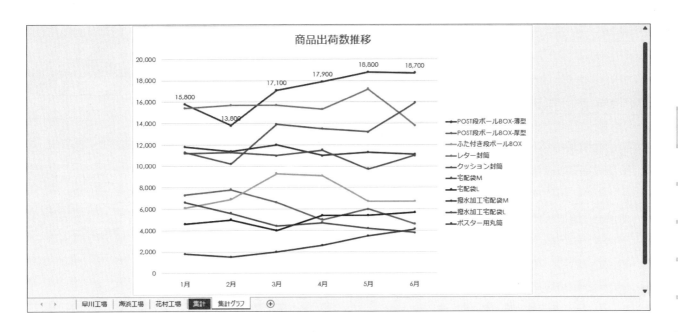

基礎

第1章

第2章

第3章

第4章

第5章

第6章

第7章

第8章

第9章

応用

第1章

第2章

第3章

第4章

第5章

第6章

第7章

第8章

第9章

まとめ

基礎 P.132 ① シート「早川工場」「海浜工場」「花村工場」をグループとして設定しましょう。

基礎 P.22,63,80, 96,134 ② グループとして設定した3枚のシートに、次の操作を一括して行いましょう。

> A列の列の幅を2文字分にする
> B列の列の幅を自動調整する
> セル範囲【C3:H3】に「1月」から「6月」までを入力
> セル範囲【C14:H14】とセル範囲【I4:I14】に合計を求める
> セル範囲【C4:I14】に3桁区切りカンマを付ける
> アクティブセルをセル【A1】に戻す

基礎 P.135 ③ グループを解除しましょう。

基礎 P.130,131,137 ④ シート「花村工場」を右側にコピーしましょう。
次に、コピーしたシートのシート名を「集計」に変更し、シート見出しの色を「青」に設定しましょう。

基礎 P.42,53 ⑤ シート「集計」のセル【I1】を「集計」に変更し、セル範囲【C4:H13】のデータをクリアしましょう。

基礎 P.139 ⑥ シート「集計」に、シート「早川工場」からシート「花村工場」までの3枚のシートの数値を集計しましょう。

基礎 P.220 ⑦ シート「集計」のセル範囲【I3:I14】の書式をセル範囲【J3:J14】にコピーしましょう。

応用 P.17 ⑧ シート「集計」のセル【J3】に「順位」と入力し、セル範囲【I4:I13】の合計の多い順に順位を求める数式を入力しましょう。

| 応用 P.61 | ⑨ | シート「集計」の「順位」の1位から5位までのセルに「濃い赤の文字、明るい赤の背景」の書式を設定しましょう。 |

| 基礎 P.78 | ⑩ | シート「集計」のセル【J14】に右上がりの斜線を引きましょう。 |

| 応用 P.145 | ⑪ | ブックのテーマを「イオン」に変更しましょう。 |

| 基礎 P.168,173 | ⑫ | シート「集計」の表のデータをもとに、商品ごとの月別出荷数を表すマーカー付き折れ線グラフを作成しましょう。
次に、グラフタイトルに「商品出荷数推移」と入力しましょう。 |

| 基礎 P.136,185 | ⑬ | グラフをグラフシートに移動しましょう。
シートの名前は「集計グラフ」にし、シート「集計」の右側に移動します。 |

| 基礎 P.186 | ⑭ | グラフの項目軸に表示される項目とデータ系列を入れ替えましょう。 |

| 基礎 P.191 | ⑮ | グラフエリアのフォントサイズを「12」ポイントに変更しましょう。
次に、グラフタイトルのフォントサイズを「20」ポイントに変更しましょう。 |

| 基礎 P.188 | ⑯ | 凡例を右に配置しましょう。 |

| 基礎 P.188 | ⑰ | 「POST段ボールBOX-薄型」のデータ系列の上にデータラベルを表示しましょう。 |

| 応用 P.224 | ⑱ | ブックのアクセシビリティをチェックしましょう。
次に、アクセシビリティチェックの結果をもとに、シート「集計グラフ」のマーカー付き折れ線グラフの代替テキストに「出荷数推移グラフ」を設定しましょう。 |

| 応用 P.228 | ⑲ | シート「集計」に切り替えて、ブックを最終版として保存しましょう。 |

※ブックを閉じておきましょう。

OPEN

E Lesson39

あなたは、かえで市まちづくり推進課に勤務しており、移住希望者に物件案内を作成することになりました。
完成図のような表を作成しましょう。

●完成図

基礎 P.231 ① 文字列「ナビ」をすべて「NAVI」に置換しましょう。

応用 P.76 ② セルをクリックしたときに、日本語入力システムがオンになるように、セル【B2】に入力規則を設定しましょう。
次に、セル【B2】に「佐藤□直樹」と入力しましょう。
※□は全角空白を表します。

応用 P.71 ③ セル【B2】の「佐藤□直樹」が「佐藤□直樹□様」と表示されるように、表示形式を設定しましょう。
※□は全角空白を表します。

応用 P.144 ④ 「家」で検索されるアイコンを挿入し、次のように書式を設定しましょう。

> **スタイル：淡色1の塗りつぶし、色付きの枠線-アクセント2**

※インターネットに接続できる環境が必要です。

次に、完成図を参考に、アイコンを移動しましょう。

基礎 P.76,87,90,92 ⑤ セル範囲【B2:D2】を結合して文字列をセルの中央に配置し、次のように書式を設定しましょう。

> **フォントサイズ：14ポイント**
> **太字**
> **罫線　　　　：下罫線**

応用 P.78 ⑥ セル【K18】に「担当者」を入力する際、セル範囲【M21:M25】の「担当者リスト」の「氏名」をリストから選択できるように、入力規則を設定しましょう。設定後、リストから「杉田　未来」を選択しましょう。

応用 P.73 ⑦ 「建物面積」と「敷地面積」の値が「87.5㎡」のように表示されるように、表示形式を設定しましょう。小数第1位まで表示します。

HINT 「㎡」は「へいほうめーとる」と入力して変換します。

基礎 P.209 ⑧ 次の条件を満たすレコードを抽出しましょう。

> 「地区」が「大谷地区」か「清沢地区」で「価格（万円）」が500以下

応用 P.62 ⑨ 「建物面積」が100㎡以上のセルに、任意の水色の背景の書式を設定しましょう。

応用 P.122,124 ⑩ 強調ステップのSmartArtグラフィックを挿入し、セル範囲【B50:I60】に配置しましょう。

HINT 「強調ステップ」は、《手順》に分類されています。

応用 P.125
⑪ テキストウィンドウを使って、SmartArtグラフィックに次のように文字列を入力しましょう。

内覧申込
内覧申込書をまちづくり推進課に提出
日程調整
内覧日程を決定
内覧
現地で物件や周囲の環境を確認
交渉・契約
入居日、各種条件を調整、所有者と合意後、契約

応用 P.129
⑫ SmartArtグラフィックの色を「カラフル-アクセント3から4」、スタイルを「グラデーション」に変更しましょう。

応用 P.130
⑬ SmartArtグラフィックの箇条書き項目の図形のフォントサイズを「11」ポイントに変更しましょう。

応用 P.132,135,136
⑭ 完成図を参考に、SmartArtグラフィックの右側に図形の「波線」を作成しましょう。次に、図形に「かえで市指定の専門家が同行するので、安心!」と入力し、完成図を参考に位置とサイズを調整しましょう。

応用 P.138
⑮ ⑭で作成した図形の枠線にスケッチスタイルの「曲線」を設定しましょう。

基礎 P.27,152
⑯ 表示モードをページレイアウトに切り替えて、画面の表示倍率を70%にしましょう。

基礎 P.153,155
⑰ 次のように印刷されるようにページを設定しましょう。

用紙サイズ　　　：A4
用紙の向き　　　：縦
ページ中央　　　：水平
ヘッダーの右側：現在の日付
フッターの中央：「かえで市まちづくり推進課」

基礎 P.25,26,161,162
⑱ 表示モードを改ページプレビューに切り替え、L列からM列までを印刷範囲から除いて、1ページに印刷されるように設定しましょう。設定後、表示モードを標準に切り替えましょう。

基礎
第1章
第2章
第3章
第4章
第5章
第6章
第7章
第8章
第9章
応用
第1章
第2章
第3章
第4章
第5章
第6章
第7章
第8章
第9章
まとめ

基礎 P.22,53, 203,211
応用 P.66,204

⑲ 《開発》タブを表示し、次のように動作をするマクロ「リセット」を作成しましょう。マクロの保存先は、「作業中のブック」とします。

> ・セル【B2】とセル【K18】のデータをクリアする
> ・フィルターの条件をすべてクリアする
> ・「No.」の昇順で並べ替える
> ・シート全体の条件付き書式をすべて解除する
> ・アクティブセルをセル【A1】に戻す

(HINT) 条件付き書式を解除するには、《ホーム》タブ→《スタイル》グループの 条件付き書式 ▾ (条件付き書式)→《ルールのクリア》を使います。

応用 P.132,135, 137,212

⑳ 完成図を参考に、図形の「四角形：角を丸くする」を作成し、「リセット」という文字列を追加しましょう。追加した文字列は、図形の中央に配置します。
次に、作成した図形にマクロ「リセット」を登録しましょう。

(HINT) 図形にマクロを登録するには、図形を右クリック→《マクロの登録》で設定します。

基礎 P.38,209
応用 P.61,78

㉑ 次の操作を行いましょう。

> セル【B2】に「村田□奈美」と入力
> セル【K18】のリストから「谷口　耕太郎」を選択
> 「地区」が「見晴丘地区」を抽出
> 「備考」に「畑」を含むセルに「濃い赤の文字、明るい赤の背景」の書式を設定

※□は全角空白を表します。

(HINT) 特定の文字を含むセルを条件にするには、《ホーム》タブ→《スタイル》グループの 条件付き書式 ▾ (条件付き書式)→《セルの強調表示ルール》の《文字列》を使います。

応用 P.210

㉒ マクロ「リセット」を実行しましょう。

応用 P.214

㉓ ブックに「空き家バンク案内状」と名前を付けて、フォルダー「学習ファイル」にExcelマクロ有効ブックとして保存しましょう。
次に、ブックを閉じ、《開発》タブを非表示にしましょう。

応用 P.215

㉔ ブック「空き家バンク案内状」を開いて、マクロを有効にしましょう。

応用 P.61

㉕ 「敷地面積」が600より大きいセルに「濃い緑の文字、緑の背景」の書式を設定しましょう。

基礎 P.206,208

㉖ ㉕で書式を設定したセルが表の上部に来るように並べ替え、さらに「価格（万円）」の小さい順に並べ替えましょう。

応用 P.210

㉗ マクロ「リセット」を実行しましょう。

※ブックを保存せずに閉じておきましょう。

おわりに

最後まで学習を進めていただき、ありがとうございました。39種類の練習問題はいかがでしたか？

基礎編では、Excelの基本操作やデータ入力に始まり、表やグラフ、データベース機能のLesson。
応用編では、様々な関数を使った計算や複合グラフ、ピボットテーブル、マクロ機能のLesson。
まとめ編では、全体を総復習できるLessonと、Excelの機能を段階的に組み込んだ練習問題を
ご用意いたしました。

機能の習得はもちろんですが、「Excelを使うと、こんな効率よく作業できるんだ！」と思ってい
ただけるように、様々な場面を想定した学習ファイルを準備いたしました。
学習を通してExcelをもっと使いたいと思ってもらえたら、うれしいです。

また、自力で操作できなかった問題があったら、ぜひもう一度、HINTや標準解答を見ずにチャ
レンジしてみてください。練習問題を繰り返すことで、操作が身に付くはずです。

本書での学習を終了された方は、「よくわかる」シリーズの次の書籍をおすすめします。
「よくわかる Word 2021ドリル」は、本書と同じように、「よくわかる Word 2021基礎」「よ
くわかる Word 2021応用」で学習した機能を使った練習問題です。Wordは自己流で使って
いるから、じっくり学習する必要はないという方にも、より効率的に機能の習得ができるのでオ
ススメです。Let's Challenge!!

FOM出版

よくわかる
Microsoft® Excel® 2021 ドリル
Office 2021/Microsoft 365 対応
（FPT2221）

2023年4月5日　初版発行

著作／制作：株式会社富士通ラーニングメディア

発行者：青山　昌裕

発行所：FOM出版（株式会社富士通ラーニングメディア）
エフオーエム
　　　　〒212-0014 神奈川県川崎市幸区大宮町1番地5　JR川崎タワー
　　　　https://www.fom.fujitsu.com/goods/

印刷／製本：株式会社サンヨー